KB061777

늦게 결혼했어도 행복하게 사는 기술

늦게 _____ 결혼했어도
행복하게 사는 기술

초 판 1쇄 2021년 02월 18일

지은이 정세복
펴낸이 류종렬

펴낸곳 미다스북스
총괄실장 명상완
책임편집 이다경
책임진행 박새연 김가영 신은서 임종익

등록 2001년 3월 21일 제2001-000040호
주소 서울시 마포구 양화로 133 서교타워 711호
전화 02) 322-7802~3
팩스 02) 6007-1845
블로그 http://blog.naver.com/midasbooks
전자주소 midasbooks@hanmail.net
페이스북 https://www.facebook.com/midasbooks425

ISBN 978-89-6637-888-3 03590

값 15,000원

늦게 결혼했어도 행복하게 사는 기술

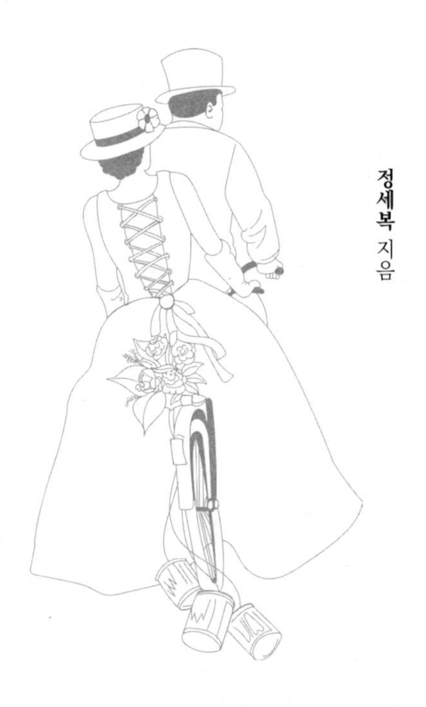

정세복 지음

오랜 싱글라이프 끝에 시작한 결혼생활, 나는 지금 더 행복해졌다!

나는 행복하기 위해 혼자였고, 행복하기 위해 결혼을 선택했다!

미다스북스

프롤로그

어린시절에 나는 결혼은 당연히 해야 되는 것으로 알고 자랐다. 30세 후반이 되어도 결혼을 못하고 있는 내 자신이 부담스러웠다. 또한 주변에서 결혼을 왜 안하냐고 물어도 '결혼? 하고 싶은데 잘 안되네.' 정도로 대답했을 뿐이지 크게 기분이 나쁘거나 하지는 않았다.

그러나 지금은 어떤가? 그동안 무슨 일이 있었던 걸까?

이제는 결혼에 대해 말을 잘못 꺼냈다가는 예의에 어긋나는 일을 한 것이 되고 만다. 결혼은 더 이상 당연하게 생각되는 일이 아니고 선택의 문제가 되었다.

나는 어린 시절 가난한 가정환경에서 자라 결혼에 대해 부정적인 생각을 많이 했다. 그래서 결국은 결혼이 늦어졌을 수도 있다. 혼자 사는 동안에는 정말 신나게 놀면서 하고 싶은 것들도 많이 해보면서 즐겁게 보냈다. 공부만 열심히 했던 내가 소위 노는 것을 이렇게나 좋아하는 줄은 몰랐다 싶을 정도로 노는 것도 열심히 했다. 각종 취미생활도 해볼 수 있는 것은 다 해본 듯했다. 그래서 내가 지금 또 무언가를 취미로 하고 있다고 하면 동생은 "언니가 아직도 안 배운 게 있냐?"라고 이야기한다. 그러고 보면 나는 어릴 적부터 호기심이 많았던 것 같다. 궁금한 것은 해봐야 하는 성격이었다. 그래서 한번 시작하면 끝까지, 또는 지겨워질 때까지 해보고 나서야 그만두는 성격이었다.

본의 아니게 혼자의 삶을 신나게 보내고 나니 더 이상은 재미가 없었다. 심지어 외롭기까지 했다. 그리고 결혼에 대한 호기심도 버리지 못했다. 그래서 반드시 결혼을 해봐야겠다는 결심을 했고 결국 결혼을 하고야 말았다.

나에게 결혼은 무한한 우주 같은 느낌이다. 어떤 일이 생길지 예측이 안 되는 것이다. 그래서 나는 아직도 결혼에 대한 호기심 충전 중인 상태다. 지금 여러 가지 이유로 많은 청춘들이 결혼에 대해 부정적인 생각을 하고 있다. 심지어 비혼이라는 이름으로 결혼을 포기하기도 한다. 혼자 살아보는 것도 좋다. 나이가 중요하겠는가? 다만 혼자의 삶도 즐겁고 행복해야 한다. 그리고 결혼에 대해서도 마찬가지다. 그리고 마음 한구석에 결혼에 대한 생각이 조금이라도 남아 있다면 끝까지 버리지 않아야 한다. 결혼도 선택이라면 인생의 목표 중 하나로 두면 된다.

행복한 결혼이 꿈이라면 이루어지게 되어 있다. 꿈이란 버리지 않고 아끼고 가꾸고 소망하면 이루어지게 되어 있으니까 말이다. 나는 결혼을 반드시 해야 된다고 주장하고 싶어서 이 글을 쓴 것은 아니다. 단지 결혼을 해본 사람으로 평범하지만 나름의 행복을 찾으며 사는 모습을 보여주고 싶었다.

요즘의 젊은이들은 멋지고 성공한 삶들을 간접적으로 자주 접하다 보니 평범한 인생을 폄하하고 자신들의 삶이 평범한 것을 부끄러워하거나 못 견뎌하는 경향이 있는 듯하다. 보통의 인생도 누구 못지않게 행복하고 가치 있으며 그 삶을 당당하게 살아내는 용기도 필요함을 보여주고 싶었다.

결국 결혼도 인생을 살아가는 한 과정일 뿐 선택은 개인의 문제이다. 그러나 우리 인생에서 꿈과 행복은 어떤 선택을 하든지 간에 누구에게나 필요한 요소이다. 그래서 결혼이야기에 꿈과 행복도 같이 엮어내었다. 한 번뿐인 인생인데 어떤 형태로든 만족스럽고 즐거워야 하지 않겠는가!

결혼에 대한 부정적인 이야기들도 많다. 그러나 그것은 일부분에 지나지 않는다. 어떤 일에서든 부정적인 면은 있기 마련이다. 그리고 우리는 긍정적인 면을 먼저 보도록 배웠고 그동안 잘 해결해왔다. 결혼도 마찬가지이다. 그래서 불화에 관한 이야기보다 긍정적이고 행복한 요소들을 많이 이야기했다. 어찌 불화와 갈등이 없을 수 있겠는가. 그러나 모두 해결할 수 있고 지나가는 일들이며 시간이 지나면 이런 일들도 기억 속에만 있는 일들이 된다.

어떤 일이든 미리 마음의 준비를 하고 대한다면 그 충격을 줄일 수 있고 미리 예방도 가능하다. 그러니 결혼에 대해 미리 속단하지 말자. 오로지 자신만을 생각하고 자신이 행복해질 수 있는 일은 어떤 것인지 깊이 생각해보길 바란다. 또한 지나치게 낙관적일 필요는 없지만 자신을 너무 한계 짓고 행복의 길 앞에서 망설이고 있는 것은 아닌지 깊이 생각해보자.

생각보다 개개인이 갖고 있는 잠재력은 크다. 어릴 적 우리는 결혼이라는 얘기를 들으면 행복이라는 단어를 먼저 떠올렸다. 어른이 되었다고 행복이 없어진 것은 아니다. 그 느낌이 어른이 된 나에게 맞게 바뀐 것일 뿐이다. 동화 속 신데렐라가 현실에 없는 것은 이제는 알게 되었다. 그래도 신데렐라의 이야기를 읽으면 아직도 즐겁고 행복한 기분이 드는 것은 사실이다. 동화 속의 이야기처럼 환상적이지는 않지만 우리의 보통 인생도 들여다보면 여기저기 행복한 이야기가 꽤 많다는 것을 알 것이다.

지금 행복하다면 결혼해도 행복할 수 있다. 다만 지금 행복하지 못하다면 당장 행복해지겠다고 결심하자. 행복해지라고 태어난 인생이다. 우리를 태어나게 해주신 부모님도 누구보다 우리의 행복을 바랄 것이다. 그러니 어떤 선택을 하든 행복은 당신의 것이다.

1장 '언제 결혼 할 거니?' 이대로는 못 살겠다!

2장 결혼만 하면 저절로 행복해질까?

3장 결혼 전에 준비해야 할 것들

4장 늦게 결혼했어도 행복하게 사는 기술

5장 결혼과 함께 더 성장하라

'언제 결혼 할 거니?'
이대로는 못 살겠다!

01

혼자 오래 살았습니다

"혼자 산다는 것, 어떤가요?"라는 기자의 질문에 "좋지요, 참 좋은 것 같아요."라는 대답으로 시작하는 기사를 보았다. 1인 가구 현실을 반영한 기사를 주로 다루는 솔로경제 전문 미디어인 〈시사캐스트〉에 올라온 기사다. 다음 응답자도 "저도 마찬가지예요."라며 "독립한 지 10년이 넘어 이제는 누군가와 함께 산다는 게 어색할 것 같다."라고 대답했다. 다음 인터뷰 내용도 혼자 살아서 크게 불편할 것이 없다는 것이었다. 혼자 살아서 좋은 점들은 여러 가지다. 그중에서 가장 좋은 점은 무엇일까? 그것은 내 삶의 모든 결정권이 나에게 있다는 것이다. 바로 자유를 만끽할 수 있다는 것! 혼자 살게 되면 누구의 간섭도 받지 않고 누구의 동의도 필요 없다. 내가 하고 싶은 일을 마음대로 할 수 있는 것이다.

나는 어릴 적부터 욕심도 많고 꿈이 많은 아이였다. 그만큼 하고 싶고 갖고 싶은 것들도 많았다. 하지만 부모님 눈치를 봐야 했다. 나는 가난한 집의 엄격하신 아버지 밑에서 장녀로 자랐다. 그래서 나는 나의 주장을 내세울 수가 없었다. 속상하거나 억울한 일이 있어도 울거나 내색하지 않았다. 또한 하고 싶은 일이나 갖고 싶은 것이 있어도 참아야 했다. 그 덕인지 대학교에 들어갈 때까지 집에서는 착한 딸로 학교에서는 모범생으로 통했다. 내가 대학교에 들어가서 보니 그 동안 억눌러왔던 나의 욕망들이 하나둘씩 고개를 내밀기 시작했다. 그러나 집안 형편을 생각하면 무엇 하나 마음 편히 할 수 없었다. 그러던 내가 부모님에게 더 이상 허락을 구하지 말아야겠다고 결심한 계기가 있었다. 어느 날 나는 수영을 배우고 싶었다. 그런데 아버지가 여러 가지 이유로 반대하셨다. 물론 부모님의 허락 없이 혼자 수영을 배울 수도 있었다. 그런데 문제는 돈이었다. 수강료가 없었던 것이다. 결국 나는 대학을 졸업하고 내가 돈을 벌 수 있을 때까지 수영을 배우지 못했다. 아르바이트해서 돈 벌면 되지 할 것이다. 하지만 아르바이트하고 집에 늦게 들어오는 것은 허락하셨을까? 그래서 그때부터 졸업만 하면 무슨 수를 써서라도 독립을 할 것이라고 결심했다. 내가 철이 들고 나서부터 한 번도 행동으로 옮기지 못했던 '내 맘대로'의 삶을 위해서 나는 이른 독립을 결심하였다.

"입수!"

첨벙! 뽀글뽀글….

파타야의 바다는 수심 20미터 아래로 내려가도 수면 바로 아래인 것 같다. 바닷물이 너무 맑아 기계로 확인하지 않으면 얼마나 깊이 내려왔는지 알 수 없다. 물속은 형형색색의 열대어들과 산호초, 말미잘 등으로 호화롭기 그지없다. 아! 이것이 자유다. 하루에 두 번 포인트를 옮겨가며 다이빙을 마치고 나면 저녁에는 같이 간 회원들과 태국 음식을 먹으며 하루를 마감했다. "앞으로 나는 전 세계 다이빙 포인트를 다 돌아다녀 보고 싶어요. 다이빙하다 바다 속으로 사라지면 그것만큼 행복한 게 또 어디 있겠어요, 하하하!"라고 허풍 섞인 소리를 해가면서 말이다.

그렇게 졸업을 하고 나는 마침내 독립을 했다. 혼자만의 자유로운 생활이 시작된 것이다. 내가 소아과 전문의가 되고 처음 얻은 직장은 집에서 다니기에는 너무 먼 곳이었다. 당시에는 직장을 구하기가 어려웠던 때여서 선택의 여지가 없기는 했다. 그러나 집으로부터 벗어나고 싶다는 나의 열망이 그렇게 이루어진 것일 수도 있다. 그리고 그동안 못 해봤던 일들을 하면서 신나는 '싱글 라이프'를 즐겼다. 나는 퇴근하고 당직이 아닌 날은 거의 매일 무언가를 배우러 다녔다. 그렇게 배우고 싶었던 수

영도 배우고 스쿠버다이빙도 배웠다. 한마디로 노느라고 정신이 없었다. 옷도 남의 눈치 보지 않고 내 스타일대로 입고 다녔다. 백화점에 가면 자주 들르는 패션 브랜드가 있었다. 그곳의 매니저와는 거의 친구처럼 지냈다. 새로운 옷이 나오면 연락을 해주고 나의 스타일을 찾아 입혀봐주었다. 조수석 문짝이 다 찌그러져 언제 멈춰 설지 모르는 차도 바꿨다. 그리고 마구 속도를 올려 사방으로 타고 돌아 다녔다. 아버지가 몇 달씩 조수석에 앉아 잔소리해가면서 가르쳐주셨던 운전 중 조심해야 할 것들은 아무 소용이 없다는 듯이 말이다.

좋았다. 정말 좋은 날들이었다. 그때는 '혼자 산다는 것이 이런 거구나. 이렇게 신나는 거구나.'라고 생각했다. 그러다 어느 날 정신을 차려 보니 30대 중반의 나이에 접어들어 있었다. 그리고 나의 위태로운 '싱글 라이프'에 제동이 걸리기 시작했다. 그것은 바로 '결혼'이었다. 결혼은 언제 할 거냐는 부모님의 잔소리가 극에 달할 무렵, 나는 집으로부터 더 먼 곳으로 달아났다. 개업을 하겠다는 핑계로 부산에서 서울로 와버린 것이다. 누구 맘대로? 내 맘대로. 이것이 진정한 자유로운 삶 '싱글 라이프지!'라고 생각했다. 그러나 이 정도면 자유가 아니고 방종에 해당되지 않을까? 나의 모든 행동과 결정들은 브레이크가 고장 난 차와 같이 되었다. 혼자뿐이고 옆에 아무도 없었기 때문이다. 그런 이유로 서울로 온 지 한 달도 채 안 되어 나는 5개월간의 긴 배낭여행을 가겠다는 결정을 했다. '또 다른 자유를 찾아서'라는 핑계였다. 그러나 실은 대학 시절 친구들이 하나둘씩 무리지어 배낭여행을 갔다 왔다고 했을 때 무척이나 부러웠다. 가고 싶어도 가지 못하는 내 자신도 원망스러웠다. 그러나 이제는 내가 벌은 돈으로 내 마음대로 갈 수 있게 되었다. 그러니 못 갈 이유가 없다고 생각했다.

1년 기한의 오픈 비행기 티켓을 가지고 출발했다. 5개월 계획이라고 했지만 들어오지 않을 수도 있다는 생각으로 떠났다. 왜냐하면 나는 혼자이니까! 여행이 시작되고 몇 주 정도는 괜찮았던 것 같다. 그러나 점점 몸과 마음이 피곤하여 다닐 수가 없었다. 가장 힘들었던 것은 외로움이었다. 멋진 풍경을 보아도 같이 그 즐거움을 나눌 사람이 없었다. 누군가 괜찮다는 여행지를 추천을 해도 낯선 나라에서 혼자 계획에 없던 곳을 방문한다는 것은 두려운 일이었다. 그렇다고 매번 다른 팀에 끼여 민폐 아닌 민폐를 끼치고 다닐 수도 없었다. 그 몇 달 동안은 정말 완전한 혼자였던 것이다. 그리고 나의 자유에 대한 열망도 점점 시들해지기 시작했다. 혼자라는 것이 더 이상 만족스럽지 못했다. 무엇보다 어릴 적부터 억눌려 왔던 나의 욕구들이 그 여행을 마지막으로 어느 정도 해소되어가고 있었던 것이다.

그날은 독일의 드레스덴에 와 있었다. 화창하고 따사로운 초여름 날이었다. 유럽의 발코니라고 불리는 브륄의 테라스에서 엘베 강을 바라보고 있었다. 그 한 곁에서 인디오들이 흥겹게 팬플룻을 연주하고 있었고 그 앞으로 엘베 강은 반짝이며 흐르고 있었다. 지나가는 사람들의 얼굴도 하나같이 즐거운 표정이었다. 그 싱그러운 7월의 오후에 드레스덴의 아름다운 강가에 서서 나는 갑자기 쏟아지는 눈물을 주체할 수가 없었다. 유럽의 찬란한 도시에 어울리지 않는 인디오들의 모습에 내 감정이 이입되면서 이방인인 나 자신이 참을 수 없이 낯설게 느껴졌다. 돌아가고 싶었다. 나머지 일정은 다 취소하고 돌아가야 했다. 혼자가 좋아서 왔는데, 낯선 도시에서 정처 없이 떠돌아다니는 나 자신이 너무도 비루하게 느껴졌다. 도대체 뭐 하러 여기까지 와서 이유 없는 눈물을 흘리고 있는지…. 그때 깨달았다. 혼자라는 것이 얼마나 비참하며 지독하게 견디기 힘든 일인지. 특히나 억지로 혼자 버텨보려고 하고 있었다는 것을 깨달았을 때, 더 이상 그럴만한 이유가 없다는 것을 알게 되었을 때는 말이다. 그리고 알게 되었다. 내가 혼자 살고 싶어 했던 이유를….

혼자 살아보는 것도 좋다. 그러나 혼자라는 것은 말로 표현할 수 없을 정도로 힘든 면이 있다. 혼자 마음대로 할 수 있을 것 같지만 내 마음만큼 내 마음대로 할 수 없는 것이 또 있겠는가. 사람은 본능적으로 누군가와 친밀감을 느끼며 지내기를 원한다. 그런데 굳이 혼자 지내려고 하는 이유는 무엇일까? 지금 이 글을 읽고 있는 독자가 혼자 지내려고 하고 있다면 그 이유가 무엇인지 마음속 깊이 들어가서 물어보았으면 한다. 분명 이유가 있을 것이다. 나는 처음에는 부모님의 지나친 간섭과 가난 때문이라고 생각했다. 그런 것들 때문에 하고 싶은 것을 못 했기 때문이라고 여겼다. 그래서 혼자 지내면서 내 마음대로 하고 지내면 행복할 것이라고 생각했다. 그러나 더 큰 이유는 따로 있었다. 바로 나 자신에게 있었다. 누군가와 잘 지낼 자신이 없었던 것이다. 오랫동안 친밀하게 서로 도와가며 인내해가며 평화로운 인간관계를 유지할 수가 없을 것 같았기 때문이었다. 그렇게 나는 오랫동안 부모님과 떨어져 친구들과도 뜸한 채 혼자 지냈던 것이다.

지금 내 옆에는 귀여운 껌딱지가 하나 찰싹 붙어 있다. 눈을 뜨면서부터 잠들 때까지 엄마만 찾는 딸이다. 시커먼 껌딱지도 하나 또 있다. 조금 있으면 나타날, 딸과 붕어빵인 남편이다.

언제부터인가 도무지 혼자 있을 시간이 없어졌다. 그렇다고 혼자만의 시간이 그립냐고 묻는 다면? "그럴 리가요!" 혼자 충분히 오래 지냈다. 혼자 지낼 때의 모든 즐거웠던 일, 외로웠던 일은 추억으로 충분하다. 자기 자신을 옭아매고 있는 어떤 사소한 이유 때문에 굳이 혼자를 고집할 필요는 없다. 남의 눈을 의식해서 혼자일 필요는 더더욱 없다. 혼자 사는 것, 좋다. 그러나 억지로 혼자 살 필요는 없다.

02

이러려고 혼자 사는 게 아닌데

지금은 비혼의 시대라고 한다. 결혼을 한 상태냐, 안 한 상태이냐가 중요한 것이 아니다. 결혼을 할 의지가 있느냐 없느냐에 더 비중을 두겠다는 뜻이다. 결혼이 어쩔 수 없는 선택의 문제가 아닌 자신의 의지에 따라 결정되어지는 문제라는 것이다. 쉽게 말해서 내 마음대로 하겠다, 그러니 이래라 저래라 하지 말라는 뜻! 자신의 의지에 따라 혼자를 선택한 사람은 혼자라도 당당하게 살 수 있다고 하는 사람들이 많아졌다. 그것이 사회적으로도 어느 정도는 인정이 되는 추세다.

나의 30대는 지금부터 20여 년 전이었다. 그때까지만 해도 30세만 넘어가면 노처녀, 노총각으로 불렸다. 30세 중반이 넘어가면 맞선자리도 잘 들어오지 않았다. 지금처럼 자신의 의지에 의해 결혼을 하고 말고 하던 시대가 아니었다. 결혼은 선택이 아니라 반드시 해야 되는 의무에 가까운 것이었다.

나라고 해서 결혼하려고 왜 애쓰지 않았을까. 하지만 뜻대로 되지 않았다. 20대 후반에 처음 맞선이라는 것을 보았다. 잘되기를 바랐지만 양쪽 집에서 시시한 이유로 반대를 했다. 상대측에서는 내 인물이 별로고, 우리 쪽에서는 '궁합이 안 좋다'는 이유였다. 그때부터 나의 길고 험난한 '너, 결혼 왜 안 하니?'의 이야기가 시작된다.

결혼이 성사되지 않았던 여러 가지 이유가 있다. 그중에서 나에게 가장 큰 상처가 된 것은 집안의 재산이 적어서 안 되겠다는 이야기를 들었을 때였다. 심지어는 맞선도 보기 전에 부모님께 전화해서 집안에 재산이 어느 정도 되느냐고 묻는 중매쟁이도 있었다. 아버지가 장난으로 "땅만 만 평이 넘소!"라고 했더니 당장 선을 보잔다. 총각이 능력이 있다고 하면서 말이다. 그래서 아버지가 "우리 딸이 더 훌륭한 것 같으니 안 되겠네요."라고 했음에도 그 뒤로 전화가 여러 번 더 오더라고 하셨다. 그렇다면 돈을 벌어야겠다고 결심했다. 그 까짓것 돈, 마음만 먹으면 많이 벌 수 있을 거라고 생각했던 것이다.

혼자 살게 되는 데에도 이유는 여러 가지가 있을 것이다. 인연이 아직 나타나지 않아서, 일에 매달려 살다 보니, 그냥 어쩌다 보니, 결혼하면 힘들어질 것 같아서 등등 말이다. 그러나 이런 이유들은 겉으로 드러나 보이는 것들이다. 실은 자신도 정확하게 표현하기 힘든 이유들이 더 많이 있을 수 있다. 가슴 깊은 곳에 숨겨진 어떤 두려움이나 상처들 때문일 수도 있다. 진심으로 사랑했던 사람과 어쩔 수 없이 헤어져야 했을 수도 있다. 나처럼 돈 때문에 상처를 받아서 혼자를 선택한 사람들도 있을 것이다.

처음 내가 개인 의원을 시작하겠다고 하자 아버지가 반대를 하셨다. 아버지도 내 나이 무렵 사업을 시작했다 실패를 했다. 그 뒤로 가난으로부터 벗어날 길은 더 멀어지게 되었고 점점 더 어렵게 살아야 했다. 그런 이유로 나의 사업이 잘못되었을 경우에 집에서는 도움을 줄 수가 없다고 하셨다. 내가 결정한 일이니 상관 마시고, 전부 내가 책임질 테니 걱정하지 마시라고 큰소리를 쳤다. 그러나 막상 병원을 차려놓고 보니 만만치가 않았다. 잘해야겠다는 욕심도 있었다. 그러나 무엇보다도 망하면 안 된다는 생각이 더 컸다. 언제든 조언을 구할 수 있는 선배나 동기들이 있는 고향을 두고 도움을 줄 만한 선배나 동기들도 별로 없는 서울에서 겁도 없이 개원을 했으니 말이다. 그래서 혼자서 365일 진료를 시작했다. 처음 몇 년 동안은 취미생활은 꿈도 꿀 수가 없었다. 일요일 오전 일을 마치면 헬스장에 가서 저녁까지 운동하는 것이 유일한 취미라면 취미였다. 직업적으로 성공이라고 할 것까지는 없었지만, 노력한 만큼의 성과는 있었고 만족할 만했다. 자신이 대견하게 느껴지기도 했다. 그러나 개인적인 시간이 없었다. 그리고 체력적인 한계에도 부딪히게 되었다. 다른 돌파구를 마련해야 했지만 그 당시의 나의 역량은 그 정도였다.

"사고를 당한 것일까? … 아니 사고라면 무슨 연락이라도 있었을 것이다… 그렇다면, 자살? … 그럼 역시, 경찰이 개입하지 않을 수 없다는 말인가! … 설마, 그 멍청한 인간이."

아베 코보의 『모래의 여자』에 나오는 부분이다. 곤충 채집이 취미인 주인공은 사구로 채집을 갔다가 모래 구덩이에 갇히게 된다. 그는 자신의 의지와 상관없이 실종된 상태가 되어 버린 것이다. 주인공의 원래의 목적은 희귀한 곤충을 채집하여 자신의 이름이 붙여지기를 원했던 것이다. 그러나 곤충의 이름을 통해 자신의 존재를 나타내 보이겠다는 그의 희망은 엉뚱한 형태로 이루어지게 된다. 실종으로 인해 그를 희미하게 알고 있던 이들에게 그의 생각대로 자신의 이름을 각인시킨다. 그러나 그로 인해 자신은 세상으로부터 완전히 잊혀 소멸되는 것이다.

병원, 집, 병원, 집. 마치 뛰어내리지 못하는 롤러코스터에 아무 생각

없이 앉아 있듯 정신없는 일상을 매일 반복했다. 또 침실, 거실, 주방이 하나로 되어 있는 작은 방에서 혼자 지내다 보니 악몽 아닌 악몽에 시달렸다. 혼자 살아서 누군가의 침입이 무섭다거나 존재하지 않는 어떤 것에 대한 두려움이 아니었다. '아무도 모르게 나 혼자 이렇게 사라져버리면 어떻게 하지.'라는 당치도 않는 생각들이다. 이런 생각이 꼬리에 꼬리를 물기 시작하면 잠을 이룰 수가 없었다. '여기서 왜 이러고 있는 것일까?', '쓸 시간도 없는 돈은 벌어서 뭐하나?' 그동안 혼자 잘 살았고 계속 그럴 줄 알았다. 나는 혼자서도 잘 살 수 있다고 자부하면서 말이다. 그런데 이렇게 혼자 지내다 어느 날 갑자기 사라져버린다면?

"누군데요? … 어떤 사람이 살았는데요. 잠시 어디 여행이라도 갔나보죠? … 잘 몰라요, 혼자 사는 여자였어요. … 연락할 사람도 없나 봐요? … 어떤 사람인지 기억 안 나는데."

『모래의 여자』 주인공인 '니키 준페이'처럼 '그 멍청한 인간이'라고 한마디라도 내게 해줄 사람이 있을까?

혼자 사는 것의 문제는 먹고 자고 애인을 만나고 하는 일에서 발생하는 것이 아니다. 혼자 끼니 챙겨 먹기가 힘든 것은 그래도 견딜 만하다. 집도 작든 크든 자기 취향대로 꾸미고 사는 재미도 있다. 애인과 마음만 맞는다면 서로에게 부담주지 않고 오랫동안 만날 수 있다. 혼자 사는 데 있어서 가장 큰 문제는 나로부터 생기는 문제이다. 그럼에도 나 자신조차도 해결하기 힘든 문제, 바로 외로움이다. 외로움은 자꾸 부딪힌다고 익숙해지지 않는다. 나의 정신과 신체를 파먹는 기생충과 같다. 그 외로움이 단단했던 나의 마음을 불안으로 문드러지게 했다. 정말 이러려고 혼자 사는 것이 아니었다.

비혼이란 말이 의미하듯 결혼이 의지의 문제라면 혼자 살아도 좋다. 그러나 나의 의지가 아닌 다른 이유로 혼자를 선택했다면 달리 생각해보자. 누구를 위해 행복으로 가는 길을 포기하고 있는가. 적어도 나처럼 30대 끝자락에 가서야 이러려고 혼자 산 것은 아니었다고 후회하지는 말아야 한다. 나처럼 부모님의 간섭과 가난으로 상처 받았던 내 자신에게 어깃장 놓기 위해서 행복을 눈앞에 보고도 억지로 모른 체하고 있는 것은 아닌지 깊이 생각해보기 바란다. 그런 이유 때문에 혼자 살아보겠다고 한 번뿐인 인생을 소모하고 있다면 얼마나 어리석은가? 누구 좋으라고 사는 인생인가.

그렇게 정신을 차려보니 나는 어느덧 30대 후반에 접어들었다. 무의미하고 목적 없는 하루하루가 반복되는 어느 날 더 이상은 이대로는 안 되겠다 싶었다. 365일 진료를 접고 주말을 이용해 나의 마지막 보루인 부모님이 계신 부산으로 내려갔다. 뭔가 전환점이 필요했다. 그런데 아버지가 그러신다. "요즘은 혼자 사는 것도 나쁘지 않지. 이것저것 신경 쓸 일 없이 속도 편하고…"기세등등하시던 아버지의 위로의 말이다. 아버지는 아마도 내가 결혼을 포기한 것이라고 생각하신 듯했다. 그런데 그 당시의 아버지의 그 말씀은 마치 나에게 선고를 내리는 것 같이 여겨졌다. '그냥 계~속 혼자 살아야 한다!'라고 말한 것 같았다. 그게 아닌데!

지금까지 혼자 행복하게 잘 살았다. 그렇다면 결혼하면 더 행복하게 살 수 있지 않을까? 행복도 또한 나의 의지에 달려 있으니까. 혼자 살면서 많은 것들에 도전해보고 경험해보았다. 즐겁고 특별한 경험들이었다. 하지만 지금 나는 공허하다. 그렇다면 우리의 삶에서 가장 아름답고 행복한 경험을 할 수 있는 결혼에 도전해보는 것은 어떤가? 불행한 결혼은 생각하지 말자. 잘할 수 있다. 지금까지 그래 왔듯이. 행복할 수 있다고 생각하자. 우리가 무엇인가 가슴 설레는 일을 시작할 때 나쁜 결과부터 생각하지 않는다. 그 도전의 끝에 있는 신나는 떨리는 기쁨을 먼저 생각하지 않는가.

결혼은 자신이 하겠다고 결정하면 하는 것이고, 필요 없다고 생각했다면 안 하는 것이다. 38세 언저리 한참 늦은 나이에 나는 알게 되었다. 내게 필요한 것은 결혼이라는 것을! 그리고 늘 그렇듯 결혼하기로 결심했다. 누구 마음대로? 내 마음대로!

누군가 자유는 황금으로도 살 수 없다고 했다. 자유, 중요하다. 그러나 결혼하면 그 자유가 없어지나? 그렇지 않다. 황금이 있으면 혼자도 잘살 수 있을까? 물론 그럴 수도 있을 것이다. 그러나 결혼은, 그것도 행복한 결혼은 황금만으로 살 수 없다. 나의 마음이 준비되어 있어야 하고, 상대방의 마음도 얻어야 한다. 그러니 가치로 따지자면 결혼이 자유와 황금보다 낫다. 그리고 결혼을 해도 자유와 황금은 언제든지 얻을 수 있다. 오히려 더 많이 더 크게 얻을 수도 있다.

03

결혼할 사람이 나타났으면 좋겠다

"저 찾고 있는 그분 말이에요. 아마 만나게 될 거예요. 어느 쪽이든 애타게 찾고 있다는 건 인연이라는 증거거든요. 만나야 될 사람은 반드시 만난다고 들었어요. 전, 그걸 믿어요."

오래전에 상영된 영화 〈접속〉의 주인공인 수현의 대사다. 만날 사람은 만날 거라고 기다리고만 있으면 될까? 찾아야 한다. 그래야 인연이 된다.

나는 결혼하기로 결정했고, 마음의 준비도 했다. 나와 결혼할 사람만 찾으면 되었다. 그동안은 소위 맞선이라는 것만 보았었다. 하지만 모든 방법을 동원해서 내가 직접 찾아보기로 마음먹었다. 게다가 인정사정 볼 형편이 못 되는 나이였던 것이다. 보는 사람마다 괜찮은 사람 있으면 소개시켜 달라고 했다. 회원제 파티 프로그램에도 가입했다. 그러나 생각보다 쉽지 않았다. 그 인연이라는 것이 나 혼자 일방적으로 애타게 찾는다고 찾아지는 것이 아니었다. 상식적으로 생각해도 당연히 쉽지 않은 일이었다. 그러나 뭐든지 혼자 해왔으니 혼자서 열심히 노력만 하면 될 줄 알았다.

어느 날 모 호텔에서 큰 파티가 열리니 참석해보라는 초대장을 받았다. 파티에 가면 많은 사람들이 올 테니 혹시 만나지 않을까 하여 적지 않은 입장료를 내고 기대를 잔뜩 안고 파티 장소에 갔다. 그런데 사람들이 많기는 한데 너~무 많았다. 조금 과장해서 몇 천 명은 온 듯 했다. 발 디딜 틈이 없었고 음악 소리는 귀가 찢어 질 듯이 크고 한마디로 아수라장이었다. 누군가와 눈이라도 마주쳐보려고 아무리 눈을 부라리며 둘러봐도 곁눈질하는 사람조차도 볼 수 없었다. 사방으로 부딪히는 사람들을 밀치고 다니면서 '도대체 이렇게 많은 사람들한테서 입장료를 받았다면 하루 저녁에 얼마를 벌어들인 거지? 대관료랑 진행비 등등을 뺀다고 해도 엄청날 것 같은데?'라며 혼자 속으로 돈 계산이나 하다 피곤한 몸을 이끌고 집으로 돌아와야 했다.

남자를 만날 수 있는 기회가 가장 많고 사랑으로 이어질 확률이 가장 높은 시기는 20대이다. 그때는 우리의 인생에서 가장 재기발랄하고 나이 자체만으로도 꽃처럼 아름다운 시기이다. 그 시기를 놓치면 결혼할 확률, 즉 괜찮은 남자를 만날 확률이 급격히 떨어진다. 이는 조금만 찾아봐도 수치가 다 나와 있고 부정할래야 할 수 없는 엄연한 현실이다.

나는 꽃다운 20대에 무엇을 했을까? 한마디로 아무 생각 없이 살았다. 학과 과정 따라가기에 급급했고 지겨운 대학이나 빨리 졸업하길 바랐다. 그 좋은 시절에는 괜찮은 동기들, 선배들, 주위에 널린 게 남자였다. 그런데 왜 그중에 아무도 얻어 걸리지 않았을까? 심지어 그 흔한 연애조차도 하지 못했다. 핑계는 여러 가지로 댈 수 있다. 공부하느라 바빠서, 그러면 공부하는 여대생은 나 혼자뿐인가? 외모가 별로라서, 그러면 주변에 연애하는 여자들은 다 얼굴이 예쁘나? 집이 가난해서, 가난해도 결혼해서 잘만 사는 사람도 많은데. 돌이켜 생각해보면 그 또한 가장 큰 이유는 나 자신에게 있었다. 이 모든 이유들을 대면서 자신감이 부족한 채 주눅 들어 살았던 것이다. 그 어떤 것을 선택하든 그 어떤 것을 하고 싶든 무엇이라도 될 가능성이 가장 큰 나이에 자신감 없이 살았던 것이다.

만약 당신이 지금 20대라면 나 자신 이외의 외부의 모든 문제들은 다 중요하지 않다. 다 해결할 수 있고 극복할 수 있는 나이다. 모든 일을 자신감을 가지고 당당하게 바라보아야 한다. "나는 젊고 건강하고 밝고 활기차다. 나의 내면은 강하고 나의 외면 또한 아름답다. 나는 대담하고 진취적이다. 나는 매일 노력하고 있고 내가 원하는 것을 얻을 수 있다고 확신한다."라고 외치고 다짐해야 한다.

나는 30대에는 혼자 노는 데 정신이 빠져 세월 가는 줄 몰랐다. 동시에 괜찮은 남자들도 하나둘씩 다른 여자들의 품으로 빠져나가고 있는 줄 몰랐다. 또한 원하는 직업을 얻었고 그것으로 내 목적을 이루었다는 생각에 미래에 대한 꿈조차 꾸지 않고 살았다. 만약 당신이 지금 30대라면 정신을 똑바로 차려야 한다. 일은 말할 필요도 없이 열심히 해야 한다. 여러 가지 경험과 경력을 쌓는 것도 좋다. 그리고 자신의 꿈을 키워야 한다. 상대가 내 꿈의 크기와 맞는 사람인지 알려면 자신의 꿈도 어느 정도는 그려져 있어야 한다. 그리고 나를 최고로 만들어줄 수 있는 평생의 동반자를 찾는 일에도 집중해야 한다. 누군가 채어가고 있는지 두 눈 부릅뜨고 살펴야 한다. 망설일 시간이 없다. 하지만 아직은 늦지 않은 나이다. 여전히 괜찮은 남자를 만날 기회는 충분하다.

그러나 나는 거의 나이 40 줄이 다 되어 남자를 찾겠다고 사방팔방 뛰어 다니고 있었다. 그러니 우주에서 전지전능한 누군가 보고 있었다면 '이런, 바~보'라고 했을 것이다. 정말 나는 바보였다. 한번은 30대 후반의 남녀만 단체로 만나는 미팅에 참석했었다. 다들 결혼할 사람을 찾을 목적으로 나왔다는 것을 알고 있었다. 그래서 직업도 그럴싸하고 겉으로 보기에도 점잖아 보였다. 여자들 중에 내가 나이가 제일 많았다. 남녀 통틀어도 많은 축에 들어갔을 것이다. 그런데 아직도 보는 눈이 없어서인지 괜찮다고 찍은 남자는 결혼보다는 딴 데 목적이 있는 한마디로 이상한 놈이었다. 방금 전에 만난 그것도 혼자 사는 여자의 집에 가보고 싶다는 것이었다. '오! 우주의 전지전능하신 분이시여, 부디 불쌍히 여기소서.' 드디어 세상의 모든 신들에게 호소하는 지경에 이르렀다. 제발 저에게 이런 시련은 그만~~

끌어당김과 밀어냄의 법칙에 대해 들어본 적이 있는가?

"진동이 같은 것은 서로를 끌어당긴다. 그러므로 우리는 원하는 것의 진동을 강화시키고 비슷한 힘을 끌어들여 진동을 강화해야 한다. 그러나 끌어당김의 이면에는 밀어내는 힘이 도사리고 있다. 이 힘은 우리가 조금이라도 부정적이 될 때 끌어당기는 힘을 즉시 사라지게 하는 상쇄력이다."

남경흥의 『우주와 나를 연결하는 허공의 놀라운 비밀』이라는 책에 나오는 내용이다.

그러면 나는 지금껏 그 진동이 약했다는 뜻으로 강한 의지를 가지고 진동을 강화시킨다면 끌어올 수 있다는 뜻이다. 내가 결혼하고자 하는 사람을 말이다. 그리고 유유상종이란 말은 비슷한 사람들끼리 끌어당겨 같이 지내게 된다는 뜻이니 나와 비슷한 사람이 어딘가에 있다는 뜻이 된다. 좀 더 곰곰이 생각해보면 내가 별로 좋아하지도 않는 파티나 모임에 있는 것이 아닐 수도 있다. 나와 성향이 비슷하다면 내가 주로 다니는 곳이나 내가 일하고 있는 어딘가를 어슬렁거리고 다닐 수도 있다. 또한 나와 비슷한 직업을 갖고 있을 수도 있다는 결론이다.

40대에게도 희망이 있다. 비슷한 사람끼리는 끌리는 법이다. 그러니 어딘가에 나와 비슷한 이유로 혼자인 사람이 있을 것이다. 단지 나의 진동이 약해서 잠시 한눈판 사이 다시 밀려나가 또 엉뚱한 곳을 헤매고 있을 수도 있는 것이다. 그렇다면 나만 괜찮은 사람이면 된다. 그러면 그 사람도 적어도 나만큼은 괜찮은 사람일 것이고 만나기만 하면 되는 것이다.

신해철의 노래 'Here, I Stand for You'의 가사처럼

등불을 들고 여기 서 있을게
먼 곳에서라도 나를 찾아 와

인파 속에 날 지나칠 때
단 한 번만이라도 내 눈을 바라봐
난 너를 알아볼 수 있어 단 한 순간에
Cause Here, I stand for you

내가 이 노래를 좋아한 이유가 있었다.

내 남편감은 내가 개업해 있는 곳의 바로 아래 동네에서 개업을 하고 있었다. 나는 그 앞을 거의 매일같이 지나 다녔다. 나와 같은 직업이었고 심지어 헬스장도 비슷한 곳에 다닌 적이 있었다. 우리는 양측의 선배의 소개로 만났다. 난 그를 만나려고 그 먼 부산에서 서울까지 찾아와서 개업을 했던 것이다. 그런데 어리바리 그는 주변을 그렇게 돌아다녔음에도 불구하고 나를 알아보지는 못한 듯했다. 내가 조금 늦었는지 몰라도 그 사이에 큰 사고까지 저지르고 있었다. 그래서 마음은 있었는지 몰라도 우물쭈물 거렸다. 그래도 우리는 결혼하기로 했다. 내가 더 이상 밀려나지 않게 꽉 붙잡았기 때문이다. 나는 나의 강한 의지대로 완벽하지는 않지만 결혼할 사람이 나타났다. 그리고 나이가 많다고 포기할 이유가 없었다.

지금 영혼의 반쪽을 찾고 있다면 어딘가에서 서로를 끌어당기고 있는 당신의 영혼의 반쪽이 있을 것이다. 단지 그 진동이 약할 뿐이니 좀 더 강한 진동으로 찾아보자. 행복도 마찬가지다. 기다리지만 말고 찾아나서야 한다. 찾는 사람에게는 반드시 오게 되어 있다.

04

결혼이 인생의 무덤이 맞니?

흔히들 결혼은 인생의 무덤이라고 이야기한다. 과연 그런가?

혼자 살았지만 나도 가끔은 결혼한 친구들을 만났다. 그러나 서로에 대한 안부를 묻고 나면 금방 할 이야기가 없어진다. "너 요즘 어떻게 지내니? 스쿠버다이빙도 배우고 신나게 지낸다며? 그래, 사귀는 사람은 있니? 결혼 전에 신나게 놀아야지… 부럽다. 나도 좀 더 늦게 결혼하는 건데." "그래~ 나도 이것저것 많이 배워보고 결혼하는 건데." "맞아. 나도 연애라도 좀 더 해보고 결혼하는 거였는데…" 등등. 그러면서 절대로 결혼을 괜히 했다거나 혼자 살 걸 그랬다고는 하지 않는다. 그리고 바로 침을 튀겨가며 아이 자랑, 남편 자랑을 한다. 심지어 험담한다는 허울을 씌워 시댁 자랑까지 해댄다. 차라리 아껴두었다 이때다 싶어 다 걸치고 나온 결혼 예물로 받은 가방, 옷, 액세서리를 자랑하는 것이 낫다. 그런 것들은 까짓것 나도 살 수 있는 것들이다. 그러나 남편이랑 아이는 없다. 집으로 돌아오는 길은 쓸쓸하기 그지없다. 집에서 쉬는 건데 괜히 친구들을 만나서 쓸데없는 소리 듣느라 시간만 낭비한 기분이다. 그리고 점점 초라한 느낌만 커진다. 과연 그런가? 결혼이 인생의 무덤 맞나?

남자들은 그렇게 생각한다고? 과연 그럴까?

사실 결혼하고 안정되고 만족스러운 삶을 사는 경우가 더 많다. 결혼이 무덤이라는 둥 창살 없는 교도소라는 둥의 말은 그냥 결혼하지 않은 사람들을 위로한답시고 하는 말이다. 그들은 가끔씩 생기는 불편한 일들이나 잠시 스쳐 지나가는 권태기, 서로의 애정을 확인하기 위한 목적의 말다툼 등을 크게 부풀려서 이야기하는 것이다. 정말 결혼이 참을 수 없다면 이혼을 했을 것이다. 어떻게든 결혼을 유지하고 있다는 것은 인내의 유무를 떠나서 무덤 속에 들어가 죽을 날만 기다리는 정도는 아니라는 뜻이다. 실제로 무덤 속은 둘만의 아방궁일수도 있다. 무덤이라고 들어가봤더니 다람쥐처럼 알콩달콩 잘 살고 있는 것이다. 정말 배신감 느껴지고 질투 나는 일이다.

처음 내가 개업했던 곳은 서울 한복판에 있지만 마치 시골 마을 같은 곳이었다. 항아리 모양이라고 해서 한번 들어오면 나가기 힘들다는 지형으로, 재개발되기 전의 성동구 금호동이었다. 병원에 단골 고객들은 지나가다 집에서 삶았다며 옥수수도 주고 갔다. 명절 무렵이면 전도 부쳐서 먹으라고 가져다주기도 했다. 나는 결혼하기 전부터 아이들을 좋아했다. 그리고 운 좋게도 같이 일했던 직원들도 아기들을 아주 귀여워했다. 그런 이유가 있기도 하겠지만 유난히 정이 많은 그 동네 아이들은 나를 잘 따르고 좋아해주었다. 처음 방문했을 때는 병원이니 으레 울음보를 터트린다. 그러나 대부분 그 다음부터는 환하게 웃으며 진료실로 들어온다. 심지어 진찰받을 때는 까르르 웃으며 까불기까지 한다.

그러나 점점 나의 한계가 드러났다. 소아과 의사이지만 그때까지 결혼도 하지 않았으니 아이를 키워보지 않았다는 것이다. 질병은 치료해줄 수 있었다. 그러나 아이를 키우면서 생기는 실생활에서 부딪히는 어려움들을 상담해주기에는 역부족이었던 것이다. 한마디로 육아 상담이 안 되었다. 물론 소아과 의사라고 해서 다 아이를 키워봐야 되는 것은 아니다. 그러나 아이를 키울 때 발생하는 자잘한 이야기들을 하는 보호자들의 말에 공감을 해주기가 어려웠다. 아기가 아플 때는 가장 힘든 사람은 엄마다. 그런 아기 엄마의 아픈 점들을 보듬어 줄 수가 없었다. 한참 육아의 어려움을 이야기하다, "참, 선생님 결혼하셨어요? 안 하신 것 같은데~.

왜 안 하셨어요?" 하고 묻는다. 그렇지만 그 질문의 느낌은 '왜 여태 결혼은 안 했느냐'며 단순히 궁금해 하는 것이 아니었다. '결혼했더라면 더 좋을 텐데' 하는 아쉬움이 담긴 말투였다. 또한 약간의 권유도 담겨 있었다. 이런 엄마들과 아기들을 매일 보다 보니 나도 결혼을 해야겠다는 생각이 많이 들었다. 아이들이 자주 아파서 병원을 집 드나들 듯이 하는 경우도 많았다. 그러나 그 엄마 아빠들은 힘들어 보이거나 불만스러워 보이지 않았다.

육아를 하는 중에는 여러 자잘한 어려움들이 발생할 수 있다. 그중에서 흔한 일이 아이가 아프다거나 다치거나 하는 일들이다. 그러나 이 모든 사건 사고들은 귀여운 자녀를 키우는 과정에서 생기는 작은 문제들에 지나지 않는다. 아기들이 태어나서 걷고 말을 하고 배우고 하는 과정에서 부모에게 주는 기쁨은 이루 말할 수 없이 많다. 또 그 어떤 즐거운 일과도 비교할 수 없는 행복한 경험이다. 그래서인지 다들 잘 이겨내고 씩씩하고 밝게 지냈다.

그곳은 소위 말하는 부자 동네는 아니었다. 병원을 방문하는 아기 보호자들 중에는 조부모와 같이 사는 사람들도 꽤 되는 듯했다. 작은 빌라들이 모여 있는 곳에 아래 위층으로 살면서 서로 도와가며 열심히 살아가는 모습이 보기 좋은 곳이었다. 아기 엄마들도 부모님의 얘기를 할 때

불만을 토로하는 경우는 거의 없었다. 오히려 필요할 때 도움을 받고 또 일손을 거들어 드리는 것을 다행으로 생각하는 듯했다. 이들을 보면서 나는 가정을 이루어 유지한다는 것이 그렇게 어렵고 힘들기만 한 것이 아니라는 생각을 많이 했다. 잘 산다는 것은 돈을 잘 번다는 것이 아니다. 작은 일에 기뻐하고 힘든 일도 긍정적으로 바라보고 열심히 일하며 서로 돕고 사는 것이라는 것을 느끼게 되었다. 그래서 나도 모르게 좋은 짝을 만나 이들처럼 귀여운 아기도 낳고 단란할 가정을 꾸려야겠다는 생각을 갖게 되었다.

그 당시 재개발이 되지 않았던 그 동네는 겉으로 보면 다 낡은 건물과 집들이 다닥다닥 붙어있는 달동네였다. 실제로 방송국에서 달동네 촬영을 그곳으로 많이 왔다. 그러나 내가 임대 들어 있던 건물의 주인 되는 분은 다른 얘기를 하셨다. 가족들이 함께 장사를 하는 사람들도 많고 다들 부지런하고 열심히 일한다는 것이었다. 그래서 보기에는 소박해 보이지만 알부자들이 많다는 것이다. 정말로 겉으로 보이는 것이 다가 아니다. 그 동네에서 사람들이 많이 지나다니는 오거리는 항상 와글와글 정신이 없지만 활기찼다. 부산하지만 정감이 넘치는 곳이었다. 그래서 다들 병원에 아픈 아기들을 데리고 오면서 웃음을 잃지 않았는지도 모르겠다. 그래서 또한 왠지 모를 행복한 기운들이 있었구나 싶었다. 행복은 다른 데서 오는 것이 아니다. 단란한 가정을 이루고 작은 일에도 함께 기뻐하고 힘든 일에도 웃음 잃지 않으려고 노력하는 데 있다. 부모 자식 할 것 없이 서로 도와가면서 때로는 왁자지껄, 때로는 아웅다웅 살아가는 것이 행복이 아닐까 한다.

좁은 진료실에 앉아 많은 아기 엄마 아빠들을 보았지만 그들의 대부분은 행복해 보였다. 그런 나에게 결혼은 인생의 무덤이란 말은 무의미했다. 나는 외롭고 힘들어도 당장 위로해주거나 도와줄 사람이 없었다. 오히려 그런 내가 답답한 새장 속의 외로운 새 같았을 것이다. 그래서 나는 더욱더 결혼해야겠다는 생각을 많이 하게 되었다. 나도 결혼을 해서 인생의 또 다른 기쁨을 맛보고 싶었다. 그 설레는 경험으로 가는 새로운 출발점에 서 보고 싶었다.

결혼에 대해 중립적이거나 긍정적인 말보다 부정적인 말들이 많다. 그러나 이는 적어도 이 모든 말들을 한 사람들이 결혼을 해봤기 때문에 나온 말이다. 자기는 해놓고는 하지 말라는 식으로 잘난 체해서는 안 된다. 또 결혼도 안 해본 사람이 주변에서 들은 얘기로 섣불리 결혼에 대해 얘기하지는 못할 것이다. 최근에는 결혼의 종말이라는 이야기도 나온다. 그러나 나는 이 말은 종말론자들이 늘 하는 머지않아 지구의 종말이 온다고 얘기하는 것과 같다고 본다. 종말이 올 수도 있고 온다면 어쩔 수도 없는 일이다. "비록 내일 지구의 종말이 온다 하여도 오늘 한 그루의 사과나무를 심겠다."고 스피노자는 말했다. 우리는 지구의 종말이 온다 해도 결혼할 사람을 찾으면 된다. 결혼의 종말이 걱정되어 결혼을 미룬다면 종말이 정말 왔을 때 정말로 혼자 종말을 맞아야 할 수 있다. 종말까지 오는 마당에 그 종말을 같이 맞이할 사람이 옆에 없다면 얼마나 기가 찰 노릇인가.

"결혼이 무엇인지, 사는 게 무엇인지, 아직 알 수는 없지만, 몇 년이 지난 후에 후회하지는 않겠지. 알 수는 없는 거잖아. 살아본 사람들은 이렇게 얘길하지. 후회하는 거라고. 하지만 둘이 아닌 혼자서 살아간다면. 더욱 후회한다고."

이무송의 노래 '사는 게 무엇인지'에서처럼 어느 쪽이든 나는 안 하고 후회하는 것보다는 하고 후회하는 것이 낫다고 생각한다. 그리고 궁금한 것은 못 참는 성격이다. 도대체 결혼을 하면 어떻다고 저러는지 한번 해봐야 궁금증이 풀릴 것 같다. 정말 궁금하지 않은가? 그렇다면 나의 결론은 결혼이 적어도 인생의 무덤은 아니라는 것이다.

05

정말 결혼해도 괜찮을까?

소크라테스형, 정말 결혼해도 괜찮을까요?

결혼하는 편이 좋은가, 아니면 하지 않는 편이 좋은가를 묻는다면 나는 어느 편이나 후회할 것이라고 대답하겠다. 결혼하라, 양처라면 그것으로 족할 것이고, 악처라면 그대는 철학자가 될 것이다.

– 소크라테스

장난꾸러기 사랑의 신 '에로스'가 화살의 쏘았다. 그 화살을 맞은 인간은 순식간에 모든 것이 아름다워 보인다. 그리고 그는 아름다운 것들을 욕망하게 되고, 그 욕망은 이루어질 때까지 지치지 않고 지속된다. 그 욕망이 시들지 않는 영원한 아름다움에 꽂힌다면, 그 자신 또한 젊고 아름다운 상태로 영원히 살고 싶을 것이다. 오래전부터 인간도 영원한 삶을 꿈꾸었다. 에로스라는 신이 만들어졌다는 것도 이런 생각들을 반영한 것이라고 본다. 에로스는 신의 힘을 이용해 화살이든 콩깍지든 씌워 사랑을 찾게 하고 자손을 낳아 영원을 이어가겠다는 인간의 욕망의 표현인 것이리라. 즉 에로스는 인간의 불사에 대한 욕망의 표현인 것이다. 이 영원한 삶에 대한 욕망은 또한 인간의 본능에도 해당된다. 종족 보존에 대한 본능이고 대를 이어 무언가를 이루어내겠다는 본능이다. 후세에는 더 훌륭한 무언가를 남겨야겠다는 본능이다. 나도 그와 유사한 꿈이 있었다. 그것은 나의 이름을 남기고 싶다는 것이다. 어릴 적 들었던 "호랑이는 죽어서 가죽을 남기고 사람은 죽어서 이름을 남긴다."는 속담이 나에게 이런 욕망을 심어주었다. 그래서 지금 이 글을 쓰고 있는 것도 그런 이유에서이다. 책은 적어도 기록으로 남을 것이고, 내 이름도 한켠에 남아 있을 테니까 말이다. 그러나 무엇보다도 나의 이름과 존재를 이어줄 가장 좋은 수단은 결혼을 하여 자식을 낳는 것이라 생각했다.

내가 5~6살 될 무렵, 아버지가 큰 병을 앓게 되셨다. 당시 나의 가족은 울산에 살고 있었다. 아버지는 꽤 괜찮은 직장에 다니고 있었고, 집안 형편도 좋은 편이었다. 어머니와 아버지가 결혼한 지 몇 년 뒤 내가 태어났고 그리고 제법 넓은 땅을 사서 집을 짓고 살았었다. 아버지는 정성을 다해 집을 가꾸신 듯했다. 나의 기억 속에 마치 사진을 보는 것처럼 선명하게 남아 있는 한 장면이 있다. 앞마당에 꽃들이 만발하고 아버지가 물조리개로 꽃밭에 물을 주시던 모습이다. 뒤뜰에는 포도나무 넝쿨도 있었다. 그러나 아버지는 갑작스런 병환으로 직장을 그만두어야 했고 오래 살지 못할 것이라는 진단을 받았다. 그리고 아버지가 요양하기 위해 들어간 시골 마을에서 나는 대학을 졸업하고 독립할 때까지 살게 되었다. 시골이라 공기가 좋아서인지 어머니의 지극한 정성 탓인지 아버지는 점점 건강을 찾으셨다. 그러나 살기는 점점 힘들어졌다. 아버지를 잃을 수도 있었다는 생각 때문이었는지 몰라도 어머니는 가난하고 힘든 삶을 잘 이겨내셨다. 하지만 두 분의 힘든 모습들은 내게 그대로 투영되었다. 그리고 나도 모르게 결혼에 대한 두려운 마음을 갖게 되었던 것 같다.

얼마 전 미국의 차기 재무부 장관으로 '재닛 옐런' 전 연방준비제도의장이 낙점되었다는 뉴스를 보았다. 역사상 첫 여성 미국 재무부 장관이 되는 것이다. 지금은 경제적인 능력으로 따지자면 여성들도 남성들 못지않은 경우가 많다. 결혼의 틀도 많이 바뀌어 두 사람이 공동으로 경제를 책임지거나 여성이 책임지는 경우도 많아졌다. 꼭 남편이 경제적인 문제는 다 해결해야 된다는 시대는 더 이상 아니다. 그러나 나는 결혼해서 '배우자를 잃게 되면 어떻게 하나' 하는 두려움을 갖고 있었다. 또 배우자가 아버지와 같은 이유로 가족을 책임지지 못하게 되는 상황을 생각하면 결혼하기 싫어졌다. 내가 더 성공해서 잘 살면 되지 하는 생각은 못 했던 것이다. 그래도 나는 결혼을 포기하지는 않았다. 열심히 공부해서 좋은 직업은 내가 가지면 된다고 생각했다. 그러면 어느 정도는 괜찮은 남자를 만날 것이라고 생각했다. 실제로 내가 '무능력한 배우자를 만나거나 배우자가 실직을 하면 어떻게 하냐'고 아버지에게 이야기한 적이 있다. 그러자 아버지는 아무렇지도 않게 '그럼, 능력 있는 네가 먹여 살리면 되지 뭐가 걱정이냐'라고 하셨다. 한마디로 헐~. 아버지는 돈에 대해서는 아주 무관심한 분이셨다. 그렇기는 해도 그 당시의 사회적인 통념상 그런 얘기를 하시면 안 되는 것이었다. 그때부터 나는 소위 능력 없는 남자와 결혼할 바에는 혼자 살겠다고 결심하게 되었다.

천생연분이라는 말이 있다. 하늘이 마련하여 준 인연이란 뜻이다. 하늘은 누구에게나 이 인연이라는 선물을 마련해놓고 있는 것이다. 받으면 된다. 내용은 다음에 볼일이고 우선 선물은 받아야 하지 않겠는가. 선물 싫어하는 사람이 또 있을까. 선물이 싫다는 사람은 어쩔 수 없지만 말이다. 그동안의 나의 결심이야 어찌되었건 뒤늦게 나는 하늘에서 내린 이런 선물이 있다는 것을 알게 되었다. 그리고 나는 그 선물을 받기로 결심했고 또 그 천생연분을 만났다. 이제 짝을 찾았으니 결혼만 하면 되었던 것이다. 그리고 그와 함께 새로운 인연을 맞이하면 되는 것이다. 나의 이

까칠한 성격은 언젠가 태어날 내 자녀에게 나타날 것이다. 그리고 먼 훗날 내 자녀가 자기의 손자를 보면서 '네 증조할머니가 한 성깔 하셨다.'라고 말할 것이다.

자, 지금부터는 유전자의 힘을 믿어야 한다.

(지금 나는 그저 평범하게 사는 가족의 한 사람이거나 아니면 어떤 이유로든 힘들게 살고 있는 가장이라고 생각해보자.) 내 앞에서 귀엽게 웃고 있는 아기가 있다. 지금은 정말 사랑스럽고 예쁘기 그지없어 아무것도 그 아이에게 바라지 않는다. 그러나 '이 힘든 세상에 어떻게 공부를 시키고 버텨나가게 하지?' 하는 걱정이 앞설 것이다. 그러나 크게 걱정할 필요가 없다. 그 아이는 훌륭한 유전자를 갖고 있다. 나중에 커서 대단한 사람이 될 것이다. 그 아이가 갖고 있는 유전자의 잠재력은 아무도 알 수가 없다. 공부? 공부 안 한다고 다른 것까지 안 하지는 않는다. 세상에 공부가 다가 아니지 않은가? 이제 더 이상 똑똑하고 잘생긴 유전자만 잘 사는 시대는 아니다. 똘기 있고 특이한 유전자도 잘 살 수 있는 시대다. 주변을 보라. 요즘 유행하는 '크리에이티브'하다는 말이 이런 뜻이 아닌가. 그러니 사랑하는 사람과 결혼을 하자. 그리고 귀여운 자녀를 맞이하자. 자식농사 잘 지으면 그 동안의 한이 한 번에 풀릴 수 있다. 그동안에 나를 무시했던 인간들은 대를 이어 일을 도모한다고 생각하고 기다리

자. 내 유전자가 자손에게로 이어져 반대의 상황이 벌어질 수도 있다. 이것이 유전자의 복수요, 유전자의 힘이다. 먼 훗날에 가문에 영광이 되는 훌륭한 인물이 내 유전자를 통해 태어날 것이다. 나 또한 그 어떤 훌륭한 인물의 유전자를 지닌 자손임에 분명하지 않은가. 그렇지 않다면 나는 어떻게 여기 있겠는가.

이 시나리오가 내가 어릴 때 생각했던 결혼을 해서 대를 이어 내 존재를 남겨야겠다고 결심한 이론적 배경이다. 하하하! 그럴싸하지 않은가?

에로스가 장난꾸러기로 표현되는 것도 이런 이유에서일 것이다. 미래에 일어날 일은 아무도 모른다. 특히나 머지않아 인공지능 로봇이 등장할 것이라고 한다. 그러면 이 로봇을 능가할 수 있는 것은 인간의 유전자밖에 없다. 유전자는 계속 진화할 것이기 때문이다.

불행한 결혼에 대해서는 생각하지 말자. 태어나면서부터 죽을 것을 걱정하지는 않는다. 남들이 결혼생활이 불행하다고 이야기한다 해서 나의 결혼생활까지 불행하라는 법은 없다. 깨소금 쏟아지게 살 수 있다. 그 어떤 현자들보다 더 많은 삶의 희로애락을 깨달을 수도 있다. 이혼에 대해서도 생각하지 말자.

만약 이혼을 한다고 가정해도 지금 가진 것이 없다면 서로가 이혼해도 억울할 일 없다. 별 볼 일 없으니 서로가 매달리지도 않을 것이다. 만약 결혼해서 돈을 많이 모았다면 아까워서 끝까지 이혼 못할 것이다.

지금은 오로지 행복한 결혼만을 생각하자. 테스 형이 말하지 않았는가. 잘못되도 철학자가 될 것이라고 말이다. 얼마나 다행인가. 그러니 나는 정말 결혼해도 된다고 생각한다. 망설일 이유가 뭐가 있겠는가.

06

원하는 배우자를 소망하고 꿈꾸라

3~4살 꼬맹이들에게 배우자 상을 물어보면 둘 중에 하나로 대답한다.

"나는 아빠랑 결혼할 거야~"
"시집 안 가, 나는 엄마랑 오래오래 살 거야! 잉~"

내가 바라는 배우자 상은 한마디로 요약할 수 있다. 아버지와 딱, 반대인 사람이었다. 나의 아버지는 내가 20년을 넘게 옆에서 지켜봐왔기 때문에 잘 알고 있었다. 그리고 오랜 기다림 끝에 거의 아버지와는 반대인 그런 사람을 만났다. 그는 허술해 보이지만 치밀하다. 말이 많기는 하지만 유머러스하다. 부드럽지만 리더십이 있다. 약해 보이지만 끈기가 있다. 눈은 작지만 귀엽다. 게으른 듯하면서 할 일은 다 한다. 예민하고 까다롭지만 이해심이 많고 공감 능력이 뛰어나다. 이 모든 것들이 나도 모르게 오랫동안 내 마음속에서 만들어져 있던 배우자 상이었다.

나의 아버지는 어머니를 많이 고생시켰다. 내가 그 어려웠던 시절의 어머니의 나이를 지나와보니 더욱 마음이 아프다. 만약 내가 어머니의 처지였다면 못 견뎌냈을 것 같다. 아버지도 마음같이 되지 않았던 모든 일들이 원망스러웠을 것이다. 병환과 가난과 싸우느라 당신의 마음을 추스를 여유도 없었을 것이다. 그러니 나에게 보여주셨던 그 어두운 모습들이 아버지의 다는 아니었을 것이다. 그러나 나의 어린 마음은 그 모습들을 하나씩 담고 있었다. 반대로 딸은 아버지와 비슷한 성향의 배우자에게 끌린다는 설도 있다. 처음 아버지가 결혼해서 행복했을 때, 그때는 다정다감하고 위트 있고 스마트한 분이셨을 것이다. 세월이 흘러 모든 시련들이 지나가고 평안해진 뒤 어머니도 그렇다고 얘기하셨다. 어머니의 배우자 상은 호리호리한 체형에 스마트하고 재치 있는 사람이었다고. 각설하고 그런 아버지의 덕인지 나는 좋은 배우자를 만나게 되었다. 물론 중간에 흔들리기도 했었다. '아무렴 어때, 아무나 하고 결혼해버릴까' 하고 생각하기도 했다. 그러나 참고, 아니 신나게 놀면서 기다렸다. 밑져봐야 본전이라고 '혼자 살아야 한다면 살던 대로 살아야지' 하고 말이다.

얼마 전 유튜브 〈김미경TV〉에서 켈리 최 회장을 인터뷰한 동영상을 보게 되었다. 켈리 최 회장은 파리에서 도시락 사업을 시작하여 짧은 시간에 엄청난 성장을 이루어낸 여성 기업가이다. 현재 매출이 연 7,000억 정도가 된다고 했다. 나는 그 인터뷰 중 그녀의 커다란 성공도 놀라웠지만 그녀의 결혼 이야기에 깊은 인상을 받았다. 그녀가 결혼을 결심한 계기와 배우자를 선택하는 과정에서 일화를 들어보면 그녀는 부를 떠나 행복한 가정을 이룰 수 있을 것이라는 생각이 들었다. 먼저 그녀는 결혼을 결심하기 전 사업의 실패로 큰 어려움에 처해 있었다. 그러나 그녀가 다시 일어날 수 있는 힘을 얻은 것은 다름 아닌 어머니 때문이었다고 했다. '엄마가 봤을 때 행복한 여자가 되어보자'는 결심을 한 것이다. 대한민국의 거의 모든 어머니들이 아들과 딸들에게 바라는 것이란 무엇일까. 바로 자녀들이 좋은 배우자를 만나 단란한 가정을 이루고 사는 것일 것이다. 그런 어머니들의 소박한 소망을 누구도 저버리기는 힘들 것이다.

그리고 그녀는 지금의 배우자를 처음 소개 받았을 때 나눈 대화도 남달랐다. 서로의 단점에 대해서 먼저 이야기를 했다고 했다. 대개는 남녀가 처음 만나면 자기 자랑을 하기 마련이다. 그러나 두 사람은 자신의 장점보다는 단점을 먼저 털어놓았다. 자신의 단점을 받아들여준다면 그 사람과는 정말 잘 지낼 수 있다는 생각에서였다고 한다. 그만큼 서로를 이해하고 배려해줄 수 있으니까 말이다. 켈리 최 회장은 너무나 로맨틱하게 남편의 얘기를 하면서 당당한 모습 이면의 수줍음이 깃든 행복한 표정을 보였다. 오랜 기다림과 시련 뒤에 그녀에 걸맞은 멋진 배우자를 만난 것이다. 그전에 그녀는 원하는 배우자 상을 구체적으로 정해 매일 기도를 했다고 한다.

『부와 행운을 끌어당기는 우주의 법칙』의 저자 권동희 대표도 비슷한 방법으로 자신의 꿈에 맞는 배우자를 만났다고 이야기한다. 꿈이 큰 배우자를 원했고 그런 사람을 만나게 해달라고 배우자 기도를 했다고 한다. 그리고 〈한국책쓰기1인창업코칭협회〉대표 김태광 작가를 만나게 된 것이다. 이 외에도 다수의 사람들이 유사한 방법인 구체적인 배우자 기도로 평생의 동반자를 만났다고 한다.

이쯤에서 결론을 내려보자. 원하는 배우자를 만나려면 어떻게 해야 하는가. 올바른 배우자를 보내 달라고 기도해야 한다는 것이다. 그리고 배우자 상은 반드시 구체적이어야 한다. 그리스 신화에서 에오스는 제우스에게 남편이 영원히 살게 해달라고 소원했다. 그래서 에오스의 남편 티토노스는 영원한 삶을 얻었다. 그러나 티토노스는 늙고 병들어 영원히 고통을 받았다. 이유는 에오스가 자세하게 소원을 말하지 않은 것이다. 늙지 않고 병들지 않고 행복하게 영원히 살게 해달라고 했어야 했다. 즉 모든 소원을 빌 때는 구체적이어야 한다. 또한 자신이 원하는 배우자 상도 구체적이면 더 찾기가 용이해진다. 결혼할 사람을 찾고 있다면 당장 원하는 배우자 상의 리스트를 만들어보자.

그리고 항상 깨어 있어야 한다. 또 원하는 이상형을 항상 염두에 두고 있어야 한다. 그렇지 않으면 아주 사소한 이유로 인연을 놓칠 수 있다. 너무 평범하다, 키가 작다, 나이가 많다, 또는 종교의 차이, 특정한 행동, 말투가 마음에 안 든다 등등의 이유로 지나가버릴 수도 있다. 이런 사소한 이유 하나만 빼면 자신의 연분일 수도 있는데 원하는 구체적인 상을 몰라 놓치는 것이다. 배우자 상 리스트를 적어서 가지고 다니든지 완벽히 숙지하고 있도록 하자.

다음으로 믿음을 가지고 기다려라. 시간이 걸리더라도 원하던 사람을 만나야 하지 않겠는가. 다른 사람의 권유로 적당하다 싶어 선택해서는 안 된다. 또 나이가 많다고 서둘러 결정할 필요도 없다. 차라리 오래 기다려서라도 기도했던 이상형의 배우자를 만나는 것이 옳다. 어떤 분야에서든 성공한 사람들은 자신에 대한 믿음이 확고했다. 그래서 주변의 유혹이나 험담에 흔들리지 않았다.

그리고 좋은 배우자를 만나려면 자신도 좋은 사람이 되어야 한다. 비슷한 사람들끼리 끌리게 되어 있다. 상냥하고 사랑스러운 배우자를 원하고 책임감 있고 다정다감한 배우자를 원하는가? 그렇다면 자기 자신도 그렇게 변해야 한다. 그리고 자신이 편하고 흥미가 있는 곳으로 눈길을 돌려보자. 보통은 이성을 만나려고 화려한 클럽이나 파티장으로 가는 경우가 많다. 그런 장소가 자신에게 편안한가? 좋은 배우자를 만나기에 적당한 장소인지 생각해보라. 자신이 원하는 취미 활동을 하는 곳, 좋아하는 운동을 하는 곳, 각종 미술관, 마음에 드는 전시회를 하는 곳 등으로 가보라. 어떤 장소가 자신의 마음을 끄는 곳인가? 그곳에 그가 있을 수도 있다.

훌륭한 배우자 상을 염두에 두고 믿음을 갖고 자신을 가꾸고 기다린다면 천생연분이 찾아 올 것이다. 결혼하기에 늦은 나이란 없다. 나의 친한 초등학교 친구는 나이 50에 연분을 만나 세상 깨소금 다 볶을 듯이 행복에 겨워 살고 있다는 소문을 들었다. 결혼하지 않았으나 미래에 행복한 결혼을 꿈꾸고 있다면 당장 이것을 명심하자. 원하는 배우자 상을 정확히 하고 마음속에 품거나 적어서 가지고 다니라. 그리고 정신을 똑바로 차리고 집중하여 그를 찾아야 하며 믿음을 가지고 소망하고 기도하라. 그리고 자신이 올바른 사람이 되도록 갈고 닦아라. 그러면 멋진 배우자와 행복한 결혼이 당신을 기다리고 있을 것이다.

07

꿈이 큰 배우자를 찾아라

당신의 꿈을 하찮은 것으로 만들려는 사람들을 가까이 하지 말라. 소인배들은 언제나 그렇게 한다. 그러나 진정으로 위대한 사람들은 당신 역시 위대해질 수 있음을 느끼게 한다.

– 마크 트웨인

어릴 적 나는 꿈 많은 아이였다. 종이 위에 인형을 그리고 예쁜 옷도 그렸다. 자투리 천을 일일이 꿰매서 천으로 된 인형을 만들어서 가지고 놀았다. 마당 앞에 개미구멍을 뒤지다가 그 구멍 속이 궁금해서 엄청나게 구멍을 파낸 적도 있다. 집 어귀에 있는 무덤 앞에서 소꿉놀이를 하면서 무언가를 열심히 빌었다. 개울 건너 깊은 산속에 있는 파란 연못 속에 뭔가 살고 있을 것 같아 소리치며 도망 나오기도 했다. 친구네 뒷산으로 놀러갔다 엄청나게 깊은 계곡을 보고 놀라기도 했다. 이 모든 것들 속에 내 꿈들이 있었다.

'꿈이 무엇인가요?'라고 묻는다면 바로 대답할 수 있는가? 만약 자신이 꿈이 크다면 그 꿈 크기에 맞는 배우자를 선택하는 것이 좋다. 그렇지 못하다면 적어도 꿈이 있냐는 질문에 구체적인 대답 정도는 할 수 있는 사람이어야 한다. 꿈이란 것은 씨앗을 뿌리고 자라는 동안에도 그 크기가 얼마나 될지 알 수가 없는 것이기 때문이다. 지금은 비록 소박한 꿈이지만 그 꿈을 가꾸고 키우는 데 정성을 기울이면 멋진 꿈으로 자랄 수 있다. 또 누군가의 격려나 조언이 있다면 또 다른 형태의 꿈으로 피어날 수 있다. 꿈이 많은 사람은 가지가 풍성한 나무처럼 마음이 넓다. 꿈이 큰 사람은 크고 높게 자라 많은 사람의 귀감이 될 것이다. 소박한 꿈이라도 버리지 않고 소중히 키울 줄 아는 사람을 만나라.

나는 초등학교 3학년에 어려운 형편에도 시골에서 멀리까지 피아노를 배우러 다녔다. 철들 무렵 피아니스트가 되고 싶다는 생각을 했지만 잠시 지나가는 꿈으로만 만족해야 했다. 집에서는 내가 무언가를 하려고 하면 분수도 모르고 허황되다고 했다. 나는 뭐든지 남들보다 잘하고 싶었고 또 열심히 했다. 그렇지만 욕심이 많아서 그런다는 소리만 들었다. 그때만 해도 누군가 내 꿈을 지지해줄 사람이 필요했다. 그러나 우리 집 사정상 나의 꿈이나 소망을 묵묵히라도 지켜봐줄 여유가 부모님에게는 없었다. 대학을 졸업하고 어느 순간부터는 더 이상 그런 것도 필요 없었다. 나도 더 이상 꿈을 꾸지 않고 살았으니까. 이처럼 꿈이 없는 사람들은 다른 사람의 꿈을 허황되게 본다. 꿈이 밥 먹여주냐고….

〈한국석세스라이프스쿨〉 권동희 대표는 젊은 시절 내세울 것 하나 없어도 꿈 하나로 성공하겠다던 〈한국책쓰기1인창업코칭협회(이하 한책협)〉 김태광 대표를 만나 결혼하였다. 김태광 대표는 글을 써서 성공하겠다는 집념 하나로 지금의 〈한책협〉이란 브랜드를 일구어냈다. 그 당시에는 어쩌면 정말로 허황되게 들릴 수도 있었던 그의 꿈은 지금은 엄청난 크기로 성장해 있다. 그리고 두 사람은 지금도 각자의 꿈을 키우며 서로 지지하며 계속 성장하고 있다. 이렇듯 꿈은 우리의 인생에서 또 다른 기회와 행복이 되는 씨앗과 같은 것이다. 또한 같이 꿈을 꾸고 그 꿈을 지지해줄 수 있는 동반자를 만난다면 그 크기는 상상하기 힘든 것이 될 수도 있다.

나는 결혼을 하고 다시 꿈을 꾸게 되었다. 남편은 내 꿈을 적어도 비아냥거리지는 않았다. 그리고 현실적인 조언을 해준다. 꿈이 없는 사람들은 다른 사람의 꿈조차 지지해줄 수가 없다. 하지만 꿈이 크고 대범한 사람들은 다른 사람의 꿈을 알아봐주고 격려해줄 수 있다. 작은 꿈이라도 이루어본 사람이 다른 사람이 꿈꿀 때 어떤 마음인지 안다. 또한 그 꿈이 이루어졌을 때 어떤 기분인지도 알기 때문에 같이 기뻐해줄 수 있다. 그 사람의 마음속에 있던 꿈은, 지금은 비록 잠자고 있지만 버리지만 않는다면 언젠가는 아름답게 빛나는 날이 올 것이다. 그 꿈을 꺼내는 순간 어떤 빛을 발할지는 누구도 알 수가 없다.

미국의 국민 화가 모지스 할머니는 76세부터 그림을 그리기 시작하여 101세에 세상을 떠날 때까지 붓을 놓지 않았다. 할머니의 시골 풍경을 그린 그림은 너무나도 화사하고 포근하며 마음에 평화를 준다. 할머니의 이야기를 살펴보면, 어린 시절 종종 그림 그리기를 하며 그 위에 딸기즙이나 포도즙을 이용하여 색칠을 하였다고 한다. 소녀 시절 모지스 할머니의 마음속에 숨겨두었던 작은 꿈은 그동안 아름답게 자라고 있었다. 그리고 그것을 잊지 않은 할머니가 그 꿈을 꺼냈을 때는 너무나도 아름다운 그림으로 피어난 것이다. 그리고 비록 늦은 나이였음에도 그 꿈에 대한 할머니의 사랑은 누구보다 컸던 것이다. 그리고 보는 이의 마음을 환하게 해주는 밝고 아름다운 꿈으로 자란 것이다.

나는 어린 시절 산과 들로 둘러싸인 외로운 시골에서 작은 꿈들을 심으며 자랐다. 아직 내마음속에 꿈은 어떤 것인지 잘 모른다. 그러나 나도 잊지 않고 있다. 현재의 내 꿈은 한 권의 책을 쓰는 것이다. 언젠가 지금의 내 꿈과 어린 시절 내 마음속에 들어가 자라고 있던 그 꿈이 만나는 날이 있지 않을까 한다. 그것을 생각하면 가슴이 두근거린다. 남편의 소망은 멋진 여행을 하는 것이었다. 그리고 그 꿈은 나와 함께 근사하게 이루었다. 그리고 우리는 앞으로 또 다른 여행을 꿈꾸고 있다. 그때보다 꿈의 크기를 더 키워서 갈 것이다. 그리고 아직은 드러내놓지 않았지만, 남편도 가슴속에 품어둔 꿈이 있을 것이다. 잊지 않게 일깨워주려고 노력하고 있다. 언제가 그 꿈도 세상에 펼쳐질 날을 기다리며.

결혼을 하기로 결정하였다면 서로 꿈을 이야기하자. 그리고 그 꿈을 가꾸고 키우도록 서로 돕자. 결혼을 망설이고 있다면 자신의 꿈을 살펴보라. 그리고 거기에 맞는 멋진 사람이 나타날 것으로 믿어라. 그리고 이왕이면 꿈이 크다면 더 좋지 않을까?

〈비밀〉

(생략)

아흔여덟에도

사랑은 하는 거야

꿈도 많아

구름도 타보고 싶은 걸

일본의 '시바타 도요' 할머니의 시다. 할머니가 거의 100세가 되어 지은 시라고 한다. 너무 아름답고 멋지다. 할머니의 시는 소박하고 천진난만하다. 또한 할머니의 시는 꿈 많은 소녀 같다. 마치 세월을 거슬러 올라가 시를 쓴 것 같다. 아마도 꿈이란 것은 만물의 이치와도 역행하듯 대단한 힘을 갖고 있는 듯하다. 누군가 이런 역행을 기적이라고 했듯이 꿈은 우리의 인생에 기적을 불러오는 작은 희망이다. 소박해도 좋다. 꿈을 가진 그가 큰 꿈을 가진 배우자이다.

결혼만 하면
저절로 행복해질까?

01

결혼만 하면 저절로 행복해질까?

줄리엣 : 어떻게 오셨어요. 말해 봐요. 뭣 때문에? 정원의 벽은 높고 넘어오기 힘들며 내 친척 누군가가 그대를 발견하면 그대 신분을 고려할 때 여긴 죽는 곳이에요.

로미오 : 사랑의 가벼운 날개로 벽을 날아 넘었죠. 돌로 지은 장애물은 사랑을 못 내치고 사랑은 할 수 있는 일이면 과감히 하니까요. 그러므로 그대 친척 나를 막진 못합니다.

– 셰익스피어, 『로미오와 줄리엣』 중에서

결혼을 하기 전에는 누구나 약간은 운명적이고 폭풍 같은 사랑을 한다. 그러니 결혼해도 로맨틱한 사랑의 순간들이 여전히 기다리고 있을 것이다? 설마! 진정으로 그렇게 생각하지는 않을 것이다. 소설 속 비극적 운명의 주인공인 로미오와 줄리엣은 사라지고 없다. 이제 너와 나는 결혼을 새로운 인생이란 무대의 주인공이 되었다. 어쩌면 너무나도 시시하고 지루하게 느껴질지도 모르는 일상들과 매일 마주하고 살아야 한다. 그렇다고 너무 실망할 것까지는 없다. 작고 소소한 행복들이 깨알 같이 소복이 기다리고 있을 것이다. 그리고 조금씩 깨소금 볶으며 살면 된다. 그러면 저절로 행복해지는 것이다.

우리는 신혼을 작은 오피스텔에서 시작했다. 집을 보러 돌아다닐 시간도 없었고, 돈도 없었다. 서로의 직장과 가깝고 살기 재미날 것 같은 곳에 방을 얻었다. 출근할 때는 따로 차를 타고 출근했다. 서로 비슷한 시간대에 출근했으니 가는 길에 만난다. 그러면 오래전에 헤어졌다 만난 것처럼 손을 흔들고 수신호를 하고 사랑의 경적을 울리기도 했다. 오피스텔은 번화가 뒷골목에 있었기 때문에 주변에는 음식점이나 술집들이 많았다. 그곳에 사는 동안에 우리는 골목 주변에 있는 음식점이나 술집을 다 한 번씩 가보기로 했다. 저녁을 간단히 먹고 2차를 가기도 하고 처음부터 술안주로 저녁을 시작하기도 했다. 정말로 많은 이야기들을 했고 많이 웃었고 그러면서 서로에 대해 깊이 알게 되었다. 특히나 남편은 우스갯소리를 잘 하는 유머러스한 사람이었다. 결혼 전에는 웃을 일이 없었던 나는 남편 덕에 많이 웃을 수 있게 된 것이 좋았다. 내가 깔깔 웃으면 남편은 신이 나서 더 우스갯소리를 많이 했다. 그리고 둘이서 아이스크림을 하나씩 사들고 손을 꼭 잡고 동네 주변을 늦은 시간까지 한참을 돌아다녔다. “내일은 어느 집에 가서 맛있는 저녁을 먹어 볼까.” 하고 의논하기도 하고, 작은 소품 가게에 가서 아기자기한 물건들을 사기도 했다. 하고 싶은 일들도 많이 이야기하고 서로 장난도 많이 치면서 행복한 하루하루를 보냈다.

행복은 정말로 이런 작은 기쁨들 속에 있다. 내 주변에, 내 마음속에 그리고 사랑하는 사람에게 있는 것이다. 우리의 마음 깊은 곳은 아주 단순하고 다소 심심한 듯해도 조용하고 작고 소소한 것들로 채워지길 원한다. 짧은 우정의 편지, 둘만의 조용한 산책, 서로의 손에 들려준 작은 들꽃, 애정이 깃든 미소, “눈이 작아도 귀엽다.”는 작은 농담, “고마워. 칭찬해줘서.”라면서 하는 귀여운 투정, 상냥한 말투 등등. 이런 것들이 우리 마음을 풍요롭게 하고 언젠가 무심코 다시 떠올릴 때 미소 짓게 하고 행복하게 한다.

사랑이란 무엇인가? 사랑 또한 너무나 다양하고 광범위하여 그 깊이를 알 수 없다. 세상 모든 이들이 나름의 사랑을 하고 있고 여러 형태의 사랑을 경험하고 있지만 한마디로 정의내리기 어렵다. 그렇다면 그동안의 여러 학자들이나 책들, 그리고 시대에 따라 거론되었던 사랑에 관한 정의를 몇 가지 나열해보겠다.

플라톤은 사랑을 4가지로 분류하였다. 육체적인 사랑, 도덕적인 사랑, 정신적이고 신앙적인 사랑, 무조건적인 사랑. 그리고 육체적인 사랑에서 무조건적인 사랑으로 서서히 발전한다고 이야기한다. 고대 그리스의 분류는 플라톤의 분류와 유사하지만 좀 더 세분화되어 있다.

먼저, 스트로게(stroge)는 부모가 자식들에게 느끼는 것 같은 타고난 사랑으로 자연스러운 감정에 바탕을 두고 있다. 두 번째, 에로스(eros)는 열정과 육체적인 관계에 기반을 둔 로맨틱한 사랑이다. 세 번째, 루두스(ludus)는 아이들끼리의 장난스러운 사랑 또는 가벼운 연인사이의 사랑으로 구속력이 없는 사랑의 유형이다. 네 번째, 필리아(philia)는 우정의 형태로 플라토닉한 사랑으로 알려져 있다. 다섯 번째, 프라그마(pragma)는 성숙한 사랑을 의미한다. 오랜 기간의 관계로 의무적인 관계도 포함되며 인내심, 아량을 가지며 때론 타협하기도 하는 가장 높은 형태의 사랑으로 간주된다. 그래서 결혼생활과 관련이 있다고 본다.

여섯 번째, 필라우티아(philautia)은 자기애적인 사랑으로 건전하게는 자존감과 자기애로 볼 수 있다. 그러나 지나치게 이기적인 자기애에 빠지는 경우는 나르시시즘에 해당되게 된다.

일곱 번째, 아가페(agape)적인 사랑은 아무것도 바라지 않는 무조건적이고 이타적인 사랑이다. 종교적이고 인류애적인 사랑을 의미한다.

우리나라의 사랑의 옛말은 다솜이다. 사랑하다의 옛말은 '괴다'라고 했다고 한다. 이는 '누군가를 끊임없이 생각하고 웃음이 난다'라는 의미라고 한다.

그리면 이런 사랑의 정의들을 곰곰이 생각해보자. 그리고 이를 참고하여 하나씩 서로에 대한 사랑의 조건을 충족시키면 된다. 남편이 일주일에 7번 술자리를 하다 두 번으로 줄이면, 아침에 정성껏 해장국을 끓여주기. 아내가 피곤해 보이면 집안일 거들어주기. 남편이 회사일로 힘들어하면 잘될 거라고 손 편지 써주기. 아내가 곱게 꾸미고 맞아주면 하루 종일 보고 싶었다고 말해주기. 그리고 서로를 닮은 귀여운 아기가 생기면 훌륭한 부모가 되기로 노력하자고 약속하기. 마지막으로 착한 아들과 딸을 낳아 인연이 되게 해주신 부모님께 고맙다고 인사드리기. 이 모든 것들이 사랑을 충족시켜주는 것들이다. 그리고 거기서 우리는 깨알 같은 행복을 맛볼 수 있는 것이다.

이렇게 처음에는 불같은 육체적 사랑이었으나 서로 즐겁게 장난도 치고 가끔 다투기도 하고 또 화해하고 이해해주고 타협하고 의지하면서 점점 성숙한 사랑으로 발전해가는 것이다.

벨은 마법을 극복하고 왕자로 변한 야수와 행복하게 살았다. 신데렐라는 자신의 신발을 찾아준 왕자와 결혼해서 행복하게 살았다. 백설공주는 관에 누워 있는 자신을 한눈에 알아본 왕자와 함께 떠났고 난장이들은 그들이 영원히 행복할 것이라는 것을 알았다. 야수는 마법에서 풀려나기 위해 자신과 싸워야 했다. 야수의 몸을 지닌 채 분노의 감정을 조절하고 이성적인 인간의 행동을 한다는 것은 엄청난 노력과 인내가 필요했을 것이다. 신데렐라의 왕자도 순간의 끌림, 첫 느낌을 버리지 않고 신데렐라를 끝까지 찾아내서 결혼에 성공한다.

백설공주의 왕자는 자신의 배우자 상을 완벽히 알고 있었다. 그래서 관 속에 누워있던 백설공주를 알아보고 사랑으로 구해낸 것이다. 결혼하기 전의 왕자들의 행동을 보면 하나 같이 정의롭고 성실하고 인내심이 강하다. 이런 남자들이 결혼했다고 해서 그 인성이 크게 달라질까? 그렇지 않을 것이다. 동화 속 여자 주인공들도 하나같이 용기가 있고 긍정적이며 아름다운 내면을 소유하고 있다. 이들은 어떠한 상황에서도 기쁨을 찾고 주어진 사소한 순간도 즐길 줄 아는 인성의 소유자들이다. 이런 두 사람의 결합은 결과를 보지 않더라도 행복할 확률이 매우 높다는 것을 알 수 있다.

결혼만 하면 저절로 행복해지는 것은 아니다. 행복을 방해하는 여러 가지 일들도 생길 수 있다. 그러나 처음 호감이 갔던 서로에 대한 느낌과 사랑의 감정을 지속하려고 노력하고 서로에게 좋은 사람이 되려고 노력한다면 가능하다. 작은 일에 기뻐할 줄 알고 용기 있게 손을 내밀어주고 넓은 아량으로 기꺼이 용서해주고 서로에게 성실히 한다면 충분히 행복해질 수 있다. 이런 모든 것들은 한꺼번에 이루어지는 것은 아니다. 살아가면서 배워가는 것이다. 그러나 인내, 헌신, 배려, 사랑, 성실 이런 모든 것들은 이미 당신의 마음속에 있다. 사랑하는 사람을 위해 보여주고 실천하면 되는 것이다. 그렇게 한다면 큰 어려움 없이 행복에 이르게 될 것이다.

02

행복은 결혼과 함께 시작된다

결혼반지의 기원은 고대 이집트라고 한다. 이집트에서는 시작도 끝도 없는 고리는 영원을 의미한다고 생각했다. 그래서 결혼의 징표로 영원한 사랑의 맹세를 의미하는 반지를 사용한 것이다. 고대 로마의 반지에는 작은 열쇠가 붙어 있었다. 이는 아내는 결혼을 하면 남편의 재산의 절반을 가질 권리를 의미하는 것이었다. 1960~70년대 미국의 히피족들 사이에서 유행한 결혼반지는 우정의 반지였다. 두 손이 악수를 하고 있는 그림이 새겨져 있는 황금반지이다.

결혼의 행복은 이 반지를 보러 가는 데서부터 시작된다. 서로의 영원한 사랑과 진실한 믿음의 상징인 결혼반지를 맞추러 가는 길은 얼마나 설레고 행복한 일인가.

내가 남편과 함께 예물반지를 보러 갈 때 동호대교를 지나가야 했다. 아들의 결혼을 오랫동안 기다려왔던 어머니는 며느리의 예물반지를 선물해줄 수 있게 되었다는 사실에 몹시 즐거워하셨다. 우리는 서로 예물을 하지 않기로 약속을 했었다. 그러나 어머니는 이날을 위해 오랫동안 조금씩 돈을 모아오셨다. 그런 어머니의 정성과 행복한 순간에 대한 기대를 저버릴 수 없었다. 그래서 예물을 보러 같이 가기로 약속을 하고 어머니는 먼저 약속 장소에 도착해 계셨다. 다리만 건너면 되는데 그 다리를 건너는 데 1시간이 넘게 걸렸다. 이유도 모르고 한 시간 넘게 밀리는 다리 위에서 우리 두 사람은 초초해하거나 짜증내지 않았다. 단지 어머니가 많이 기다리셔야 하는 것에 대한 미안한 마음뿐이었다. 마침내 약속 장소에 도착했을 때 어머니도 역시 기분 좋은 얼굴도 우리를 맞아주셨다. 구경하느라고 시간가는 줄 몰랐다고 하셨다. 그렇게 어머니가 준비하신 만큼의 반지와 목걸이를 고르고 돌아오는 길은 모든 것이 평화롭고 아름답게 느껴졌다. '내가 결혼을 하면 이럴 것이다.'라는 안도감이 들었다. 이유 없이 밀리는 도로 위에서 남편은 투덜대지 않고 나를 위로해주었다. 약속시간이 1시간이나 늦었어도 어머니는 오히려 더 우리를 반겨주셨다.

누군가 행복도 습관이라고 했다. 항상 모든 일의 밝은 면을 보려고 노력하자. 자신 또한 행복하고 유쾌하게 보이도록 노력하자. 긍정적인 마음가짐은 불쾌한 감정이 들어올 틈을 주지 않는다. 그러면 나의 행복도 향상되고 좋은 일을 할 수 있는 힘이 생긴다. 배우자를 애정 어린 눈길로 바라보고 자신도 밝은 모습을 보여주려고 노력하자. 그러면 불화가 들어올 틈이 없게 된다. 마음의 준비가 되어 있는 사람은 조금만 노력하면 어떠한 상황에서도 어떠한 시련도 이겨낼 수 있다. 하물며 결혼생활 중에 한순간 바람처럼 지나가는 불화는 거뜬히 이겨낼 수 있는 일이다. 행복하고자 하는 마음만 있다면 말이다.

내가 신혼생활을 위해 얻은 집은 선릉역 뒷골목 유흥가에 있었다. 당시에 우리는 둘만 같이 있을 수 있다면 다른 것들은 상관이 없었다. 그래서 손쉽게 구할 수 있는 오피스텔을 얻은 것이었다. 오피스텔을 보러 갈 때 주변에 음식점들이 많고 흥겨운 분위기가 좋게 보였다. 빌트인 되어 있는 방이니 가구도 거의 필요가 없었다. 침대 하나와 작은 부부 테이블이 다였다. 그리고 그 방은 신혼생활 하면서 주변의 작은 소품 가게에서 산 물건이나 둘만의 의미를 담은 작은 소품들로 채워졌다. 국내 여행도 거의 매주 다녔다. 여행 다니면서 산 기념품들도 있었다. 남들이 보면 이런 것들을 다 사서 뭐하나 싶은 그런 것들로 가득했다. 하지만 이런 모든 것들 속에 행복이 있었다. 지금도 가끔씩 그때 산 물건들이 보이면 유심

히 들여다보며 입가에 미소가 번진다. '근데 이거 어디서 샀더라?'

값비싼 물건들이나 눈에 그럴싸해 보이는 것들에 행복이 있다고 생각하는 사람들도 있다. 그러나 그러한 것들은 언제든지 사라질 수 있는 것들이다. 또한 아무리 많은 부와 물질을 쌓아 두어도 욕망이 조절되지 않는다면 만족감을 줄 수 없다. 행복은 내 마음속에 있고 내가 사랑하는 사람으로부터 온다. 그것은 어떤 일이 있어도 사라지지 않으며 누군가 빼앗아갈 수도 없다. 이런 작은 행복한 일들로 채워진 내 마음은 언제나 나의 것이고 그 순간을 함께한 사람의 것이다

청혼을 할 때 또 청혼을 받았을 때 그 떨리는 순간은 얼마나 행복했던가? 서로의 마음을 확인하고 어느 날 남편이 같이 근사한 저녁식사를 하자고 했다. 약속 장소는 평소와 다른 곳이었다. 결혼 전에 우리는 늘 나의 병원 근처나 그의 병원 근처 시장통 골목에서 식사를 했다. 그날은 덕수궁 가는 길 어딘가에 작은 레스토랑으로 오라고 했다. 나는 서울로 올라온 지 그리 오래되지 않았기에 지리에 익숙하지 않았다. 작은 골목길을 지나 약속 장소로 찾아가는 내내 묘한 설렘과 표현하기 힘든 감정이 들었다. 왠지 모를 두근거림을 안고 약속 장소에 도착했다. 예약된 방은 이층에 있었다. 그리고 레스토랑 직원이 안내하는 대로 올라가는 계단은 작은 촛불들이 비추고 있었다. 그리고 낮고 작은 방은 은은하고 부드러

운 조명으로 채워져 있었고 거기에 그가 상기된 표정으로 앉아 있었다. 잠시 뒤 그는 옆에 딸린 작은 방으로 나를 데리고 갔다. 그곳에는 여러 개의 작은 촛불들이 하트 모양을 이루어 앙증맞고 경쾌하게 빛나고 있었다. 그리고 나는 그로부터 청혼을 받았고 작은 반지를 건네받았다. 그가 어떻게 이야기했고 식사는 어떻게 했는지 지금은 잘 기억이 나지 않는다. 그러나 그 작은 방에서 별처럼 즐겁게 반짝이던 하트 모양은 내 가슴 속에 그대로 남아 나의 가슴과 눈시울을 기쁨으로 적시게 한다.

외롭고 고독했던 나에게 수많은 기쁨의 순간들을 선물해준 그는 내가 결혼하기로 결심하고 내게로 와주었다. 그와 함께했던 많은 사사로운 순간들은 기억 저편으로 가라앉은 듯 가물가물하기만 하다. 그러나 어느 순간에 잠시 솟아올라 나에게 상기시켜준다. 그때 이렇게 반짝이던 순간이 있었다고.

우리가 결혼식을 올린 예식장은 부산역 앞에 있는 오래된 예식장이었다. 신부 웨딩드레스도 몇 벌 없어서 고를 필요도 없었다. 신랑 예복은 단 3벌 중에 골라야 했다. 아무리 당연하다고 해도 3벌은 너무 하다 싶었다. 신부 화장을 하는데 신랑이 자꾸 와서 얼쩡거리자 화장해주시는 분이 가서 담배나 피고 오라고 했다. 금방 끝난다고 했다. 그런데 잠시 뒤 신랑이 또 나타나서 뭔가 할 말이 있는 듯 우물쭈물했다. 그러더니 화장해주시는 분에게 작은 소리로 자기는 언제 화장시켜주냐고 물었던 것이다. 그분의 표정은 안 봐도 뻔할 정도로 할 말을 잃은 '바랄 걸 바라야지' 하는 표정이었다. 그때 나는 속으로 얼마나 웃었는지 모른다. 신랑도 딴에는 어디서 신랑도 결혼식 때는 화장을 시켜준다고 들은 것이 있어 은근 기대하고 있었던 것이다. 친정어머니는 신랑 친구들은 서울서 오니 많이 못 올 것이라고 생각하셨단다. 그래서 신랑 측 자리가 비면 동네 할머니들이라도 채워줘야겠다고 일부러 일러두셨단다. 그런데 웬걸, 신랑 친구들이 어디서 오는지 어머니의 표현에 의하면 꾸역~꾸역~ 끝도 없이 오더라는 것이었다. 그렇지 않아도 좁은 예식장이 좀 과장해서 터져 나갈 듯이 많이 왔다고 하셨다. 그리고 신혼여행 다녀오자 어머니가 새삼 말씀하신다.

"이 서방이 사람이 참~ 괜찮은 사람인가 보다."라고. 그 예식장에서 하루 동안 있었던 이야기를 하면서 요즘도 서로 박장대소를 하며 웃곤 한다.

누군가 장래에 행복해질 거라고 말하지 말라고 했다. 지금 행복해야 한다고. 그렇게 행복해지라고 하늘에서 배필을 선물로 보내주었다. 그리고 나는 지금 행복하다. 행복은 이런 모든 순간들을 나누는 것이다. 그리고 세월이 흘러도 또 다시 메아리쳐 돌아온다. 언제나 그대로 반짝이는 기쁨의 순간 그 모습대로 말이다. 그 순간에 나는 언제나 아름다운 신부이고 그 순간에 그 사람은 귀엽고 멋진 나의 신랑이다.

우리가 결혼을 준비할 때 그 모든 과정들은 행복했다. 청혼을 받았을 때의 기쁨, 반지 고르러 갈 때 조바심 냈던 시간, 웨딩드레스 입었을 때 아름다웠던 아내의 모습 등등. 행복은 기다리는 것이 아니라 찾는 것이다. 결혼은 행복을 찾아가는 길을 선택하는 일이다. 고민하지 말고 망설이지 말고 선택하자. 행복이 시작되는 그 설레는 여정으로 가는 문의 열쇠는 당신이 가지고 있다.

03

나에게 맞는 결혼 생활은?

슈호프는 아주 흡족한 마음으로 잠이 든다. 오늘 하루는 그에게 아주 운이 좋은 날이었다. 영창에 들어가지도 않았고 '사회주의 생활단지'로 작업을 나가지도 않았으며, 점심 때는 죽 한 그릇을 속여 더 먹었다. 그리고 반장이 작업량 조정을 잘해서 오후에는 즐거운 마음으로 벽돌 쌓기도 했다. 줄칼 조각도 검사에 걸리지 않고 무사히 가지고 들어왔다. 저녁에는 체자리 대신 순번을 맡아주고 많은 벌이를 했으며 잎담배도 사지 않았는가. 그리고 찌뿌드드하던 몸도 이젠 씻은 듯이 다 나았다. 눈앞이 캄캄한 그런 날이 아니었고, 거의 행복하다고 할 수 있는 그런 날이었다.

– 솔제니친, 『이반 데니소비치, 수용소의 하루』

나는 행복한 사람이다. 슈호프를 보라. 오늘 나는 행복해서 손뼉 쳐가며 기뻐해야 한다. 행복은 어떠한 상황에서도 빛날 수 있다. 다만 인지하지 못하는 것이다. 나 자신 속에 있기 때문이다. 나는 행복한 사람이라고 믿고 행동하자.

나는 작은 시골 마을에서 자랐다. 그때만 해도 집안에 아들이 있어야 한다는 시대였다. 작은 시골 마을이니 동네 어른들은 우리 부모님만 보시면 "아들이 없어서 우짜노?"라고 하셨다. 아버지는 그럴 때마다 "아들 필요 없어요, 딸도 똑똑하게 잘 키우면 되지요."라고 대답했다. 그리고 실제로 남녀의 구분이 없는 시대가 올 거라고 하셨다. 그래서 딸이라고 곱게만 커서는 안 된다고 하시면서 사소한 일에 울거나 지나치게 겁이 많아서는 안 된다고 하셨다. 집안일에 무관심해서는 안 된다고 하셨다. 내가 커서 집안을 책임져야 할 수도 있다고 하셨다. 그래서인지 나의 성격은 다소 남성적이고 사소한 일에 무관심하다. 대신 논리적이고 책임감이 강했다. 결혼을 하고도 이런 모습들이 보이자 처음에 남편은 다소 당황하기도 했다. 나는 비록 여성스럽고 상냥하지는 못하지만 대담하고 확실한 구석이 있는 나 자신이 좋았다. 남편도 이런 나의 모습이 때로는 매력적이고 신선하다고 했다. 만약 나의 본래의 성격을 감추고 다소 예민한 남편의 비위에 맞추려고 했다면 어떻게 되었을까. 분명 중간에 더 이상은 못 하겠다고 나섰을 것이고 남편은 또한 더 당황하고 의아해 했을 것이다. '나의 대한 사랑이 식었나?' 하고 걱정했을 것이다.

잠시 잘해보겠다고 자신의 장점이 될 수 있는 성격을 감출 필요는 없다고 본다. 나도 20대에는 나의 무뚝뚝한 성격이 콤플렉스였다. '나도 다른 여자 친구들처럼 애교 많고 상냥하면 좋을 텐데'라고 생각했다. 그래서인지 연애 한 번 제대로 해보지 못했다. 대학 다닐 때 가입했던 동아리는 여자는 YL(young lady), 남자는 YB(young boy)로 기록을 했다. 그런데 선배들이 나를 보고 YL인 줄 알고 뽑았는데, YB였다고 농담 아닌 농담을 했었다. 그때는 그냥 웃어넘기기는 했지만 나도 내 성격을 어쩔 수가 없었다. 남자 선배들을 보며 "오빠~" 하고 애교떠는 친구들을 보면 한편 부럽기도 했지만 나는 오글거려 못 보겠다고 생각했었다.

어디서건 어느 순간이건 당당하게 자신의 특성을 드러내고 자신감 있는 모습을 보여야 한다. 자신에 대한 자존감이 높은 사람은 자신을 사랑할 줄 알 뿐만 아니라 다른 사람도 너그럽게 대할 줄 아는 여유가 있다. 남녀의 성향이 명확히 구분되어져야 하는 시대는 지났다. 시원시원하고 대범한 여성들을 보면 멋있다는 생각이 든다. 최근에는 남성들도 부드럽고 감성적인 성향을 보이는 경우가 많다.

지금 나는 결혼한 지 10년이 지났다. 신혼 초부터 남편은 왜 자기에게 사랑한다는 말을 하지 않는 거냐고 했다. 처음에는 자기 혼자 열심히 사랑한다고 얘기하다, 어느 날 정신을 차려보니, 아내는 사랑한다 말한 적이 없다는 것을 깨달은 것이다. 몇 번 자기에게 사랑한다고 자주 말해 달라고 보채기에 이렇게 얘기해주었다.

“나는 당신을 사랑했으니 결혼했다. 그리고 그 마음은 변치 않을 것이다. 믿어도 된다. 다만, 매일 사랑한다고 입버릇처럼 내뱉으면 사랑에 대한 감정이 무뎌질 수 있다. 그러니 어느 날이든 사랑한다는 말이 내 입에서 저절로 튀어나올 만한 이벤트가 있으면 듣게 될 것이다.”라고 했다.

남편은 워낙 감성적인 사람이다. 이해는 했지만 마음으로는 받아들이기 어려웠나 보다. 어느 날 역술인을 찾아가서는 기분이 좋아 돌아왔다. 나는 절대로 남을 배신할 사람이 아니라는 소리를 들었다는 것이다. 지금도 가끔은 ‘사랑하지?’라고 묻는다. 우리 부부는 남들이 보면 남녀가 바뀐 듯하다. 내가 애교가 많아 남편의 사랑을 계속 확인하는 스타일이라면 집안 분위기가 많이 달라졌을 수도 있다. 하지만 나는 그럴 만한 성향의 사람이 아니었다. 그래서 어릴 적 집안 환경을 얘기해주면서 나의 기질에 대해 알려주었더니 남편도 나의 그런 면을 인정해주었다.

처음 결혼할 때 우리는 충분히 서로를 사랑해서 결혼한다. 별다른 이유 없이 그 사랑이 변하지는 않는다. 사랑이 변한 것 같이 느껴지는 이유는 연애 시절 타오르는 불꽃같던 사랑이 지금은 조금 은은한 달빛이나 가끔 반짝이는 별빛 같은 사랑으로 바뀐 탓이다. 상대방을 편안한 눈빛으로 바라봐주는 것도 사랑이고, 투정부릴 때 귀엽게 받아주는 것도 사랑이다. 잠시 실수했을 때 모른 척해주고 용서해주는 것도 사랑이다. 사랑, 사랑에 목매지 말자. 다만 서로에 대한 믿음만 있다면 언제든지 다른 방식으로 나타난 그 사랑의 메시지가 보이게 마련이다. 이런 것들을 무시하고 사랑을 확인만 하려 든다면 마음을 열어 보여줄 수는 없지 않은 노릇인가. 요즘은 나도 다정다감한 남편에게 동화되어 가끔은 사랑의 쪽지나 메시지를 보내기도 한다. 물론 귀엽게 자주 사랑한다 말해주고 작은 키스를 자주 해준다면 더 기뻐할 것이지만 어쩌겠는가! 아직 그렇게 안 되는 걸.

그래도 자주 알려주고 요구하다 보면 누구나 바뀌게 되어 있다. 만약 내가 원하는 배우자 상이 있다면 남편에게, 또는 아내에게 원하는 바를 얘기해주어야 한다. 사랑해도 정확하게 말을 안 해주면 몰라서 표현 못 하기도 하니까 말이다. 나는 다정다감한 사람이 좋다, 자주 애정 표현을 해주면 좋겠어, 친구 같은 사람이 좋아, 저녁에 만나서 술이나 한잔 할까? 가끔은 마초적인 남자도 좋더라, 그렇다고 담배는 너무 피지 마, 낭만적인 사람이 좋긴 하지만 자기는 지나치게 낭만적이야 등등. 자세하게 구체적으로 이야기해주면 서로에 대한 관심도 높아지고 배려하는 마음도 커질 것이다.

신혼 초부터 남편은 따뜻하지 않은 밥이나 미지근한 국을 싫어했다. 뜨거운 음식을 좋아해서 반드시 팔팔 끓이는 것을 좋아했다. 튀김이나 전도 바삭한 것을 좋아해서 다시 한 번 구워주길 원했다. 그러면 "목구멍 탄다, 식도염 생긴다."는 등으로 핀잔 아닌 핀잔을 주어도 소용이 없었다. 끊임없이 지속적으로 큰소리내지 않고 요구했다. 요즘은 거의 원하는 대로 해준다. 그 집요함에 감동해서 말이다. 남편은 한 끼를 먹어도 예쁜 그릇에 담아 잘 차려서 먹는 것을 좋아한다. 나는 허기만 해결되면 될 때는 대충 차려서 한 끼 데우자는 식으로 식사를 주로 하는 편이었다. 좋은 습관이 아니었다. 다 먹고 살자고 하는 것인데 하며 요즘은 차려 먹으려고 하는 편이다. 하지만 시간 날 때마다 찬장을 뒤져 특별한 날 쓰려고 정리해둔 예쁜 그릇을 꺼내 반찬 갖다 올려놓는 남편이 귀찮기도 하다. "그 그릇은 장식용이거든요!" "장식용 그릇도 있어?" 아무리 감성적인 남편이라도 그는 남자이므로 장식용 그릇의 의미는 모르는 듯했다. 아무리 감성이 메마른 아내라도 나는 여자이니까 예쁜 그릇은 좋아한다.

이런 작은 투정이나 요구들은 서로 사랑하지 않아서, 또는 서로를 귀찮게 하고 싶어서 하는 행동이 아니다. 상대방이 기분 나쁘지 않게 요구하면 된다. 천천히 기다려주지 않고 모든 것을 갑자기 해주기를 바라면서 문제가 생기는 것이다. 원하는 것을 이야기하고 반응이 나타날 때까지 참고 기다려주는 것이 배려다. 그리고 상대방이 원하는 것이 나쁘지 않다면 굳이 들어주지 않고 버틸 이유가 있을까. 남편은 어머니가 어릴 때부터 그렇게 차려주셨다. 그리고 그렇게 하는 것이 좋지 않은가. 그래서 나도 좀 귀찮기는 하지만 남편의 요구를 들어준다. 배고프다고 바쁘다고 서서 허겁지겁 먹는 나보다는 훨씬 좋은 습관이다. 나는 혼자 오래 지내다 보니 식사를 자주 거르기도 하고 바쁘게 대충 먹는 것이 어느 순간 습관이 되어 있었던 것이다. 어릴 적 나의 부모님도 나의 식사는 정성으로 차려주셨으니까.

사랑하고 사랑받는다는 것은 정말 행복한 일이다. 시간이 흘러 타오르던 불꽃이 잔잔해질 무렵이면 사랑하는 사람의 새로운 모습이 보이기도 한다. 내가 사랑했던 모습이 아니어서 낯설기도 하고 신경 쓰이기도 하는 그 사람의 새로운 모습들이 보이기 시작하는 때가 온다. 그러나 어느 날 그런 낯선 모습들, 거슬리는 행동들을 피식거리면서 대수롭지 않게 지나가게 되는 날이 또 온다. 그때 비로소 내가 그 사람을 진정으로 사랑하고 있다는 것을 깨닫는다. 이제는 더 이상 그 사랑에서 헤어날 수 없구나 하는 생각이 드는 것이다. 내가 여전히 날카롭고 눈치 없이 굴 때면 모른 척하며 넘어가는 그 사람. 그러나 '아직은 성깔은 여전하군.' 하는 듯한 표정을 보이는 그를 보고 있으면 '당신도 역시 내가 없으면 안 되겠군.' 하는 생각에 미소가 지어진다.

우리는 이렇게 있는 그대로의 서로를 사랑한다. 그리고 서로의 사랑을 의심하지 않고 믿음으로 당당한 사랑을 한다. 그래서 서로가 더 행복하다. 서로에게 맞춰주고 배려해주는 것도 중요하다. 하지만 먼저 모든 것은 나에게 편안해야 상대방에 대한 마음도 생긴다. 자신을 잘 보여줄 수 있는 데서부터 시작해서 서로 배려하고 인내하려는 노력으로 가면 되는 것이 결혼생활이다.

04

인생의 완성은 결혼이다

인간관계에서 갈등은 피할 수 없는 일이다. 결혼생활에서도 이런 갈등은 있게 마련이다. 그리고 이런 갈등은 피하고 묻어두는 것보다 잘 해결해나가는 것이 중요하다. 그러나 더 중요한 것은 갈등을 최소화해서 부드럽게 지나가거나 미리 예방하도록 노력하는 것이다. 질병이 생겼을 때 조기에 치료를 해서 합병증을 예방하는 것이 좋다.

그리고 더 좋은 방법은 질병을 미리 차단하는 것이다. 이와 같은 이치로 결혼생활의 불화의 징후를 미리 발견하여 더 나빠지는 것을 미리 막거나 불화가 들어오지 못하게 하는 것이 더 중요한 것이다.

어릴 적 부모님의 대화 중에 작은할아버지 댁은 두 내외가 아주 사이가 좋다는 이야기를 들었다. 작은할아버지가 퇴근을 해서 오실 때, 작은할머니는 매일같이 하던 일을 멈추고 문 앞으로 달려가서 할아버지의 두 손을 꼭 잡아주셨다. 그리고 고생하셨다는 말을 하셨다고 했다. 그 모습이 보기 좋았다는 아버지의 말이 어린 내 마음에도 인상적이었는지 아직도 기억이 난다. 직장에서 퇴근하고 돌아왔을 때, 특히 고된 하루를 보낸 후 사랑하는 사람이 웃는 얼굴로 맞아준다면 힘든 하루가 기쁘게 마무리 될 것이다. 고생했다는 말과 함께 손을 잡아준다든지 토닥거려준다든지 하는 애정 어린 행동은 서로 간의 친밀도를 높여준다.

반복되는 일상 속에서도 고마워해야 될 일은 많다. 요즘은 전화 문자나 SNS 등으로 대화를 하는 경우가 많다. 대화를 시작할 때도 끝낼 무렵에도 거의 대부분 인사를 보낸다. '잘 지내시죠?', '감사합니다.', '수고하세요.' 별 이유 없이도 형식상 감사하다는 인사를 한다.

가족들에게는 어떤가? 하나에서 열까지 가족을 위해 일하고 생각하고 하는 사람이 아내이고 남편이다. 그러면 매번 고맙다는 인사를 해야 한다. 맛있는 아침을 해줘서 고마워, 이른 아침 출근하느라 힘들 텐데 잘 견뎌줘서 고마워. 그런데 이 모든 일들은 늘 반복되는 일이니 매번 말할 필요가 없다고 생각하지만 이런 사소한 일상들이 우리에게 공기와 같이 중요한 요소이다. 적어도 하루에 한 번 정도는 고마움을 표시하자. 하루의 고단함이 은은한 행복의 빛 속으로 사라질 것이다.

서로에게 아낌없이 칭찬해주자. 칭찬은 남편을 미남으로 만들고 아내를 미녀로 만든다. 나는 어릴 적부터 두꺼운 입술이 부끄러웠다. 친구들이 오리입이라고 놀리고 아프리카 토인이라고 놀리기도 했다. 성인이 돼서도 입술이 두꺼운 여자들은 예쁘다는 생각이 들지 않았다. 그런데 남편은 나의 삐죽 나온 입술이 귀엽고 매력적이라고 했다. 정말 그럴까? 언젠가 내가 이런 내 모습이 싫다고 했을 때 어머니가 너의 매력을 알아봐줄 사람이 나타날 것이니 걱정 말라고 하셨다. 그런데 정말로 내 남편이 그런 칭찬을 해주다니 정말 자신감이 생기고 남편을 더 믿고 좋아하게 되었다. 이 사람이 바로 어머니가 말한 그 남자, 나의 천생 지아비이구나 하고 말이다. 그 뒤로부터 소피아 로렌이 그렇게 매력적이라고 칭찬을 하고 다녔다. 사소한 칭찬 한 번이 이처럼 누군가에게 오랫동안의 열등감을 해소해주는 효과가 있을 수도 있다. 칭찬해주라. 지금은 얄미워도 한때는 사랑했던 남편이니 그때의 기억 하나라도 끄집어내서 칭찬해주라. 남편은 더 멋진 남자가 되려고 노력할 것이고 아내를 더 사랑하게 될 것이다.

부모님은 우리와 떨어지고 싶어도 떨어질 수 없는 관계다. 그 이유가 단지 혈연관계이기 때문일까. 멀리 있어도 기쁠 때나 슬플 때나 가장 먼저 생각나는 사람은 사랑하는 가족과 부모님이다. 부모님은 아무리 오랜 기간 헤어져 있다 만나도 그대로 계신다. 내가 어떤 일에 두려움 없이 나설 수 있고 결혼해서 아웅다웅 살 수 있는 것도 부모님 덕이다. 우리의 부모님은 그 어떤 일이 있어도 우리를 믿어주기 때문이다. 그렇게 항상 나의 뒤에서 믿음을 갖고 지켜봐주시는 분이 바로 부모이기에 떼려야 뗄 수가 없는 사이인 것이다. 믿음은 이렇게 강하게 우리를 이어준다. 부부 사이에도 마찬가지이다. '나는 언제나 당신 편이다'라는 믿음은 서로에게 든든한 힘이 되어준다. 그리고 어떤 일을 해도 용기를 갖고 힘차게 나아가게 해준다. 남편은 아내의 믿음으로 더 열심히 성실하게 일할 것이고, 아내도 남편의 믿음으로 더 다정하게 아이들을 챙기고 이끌어갈 것이다. 누구보다도 든든한 내 편이 있는데 남의 편이 될 이유가 있을까. 그렇다면 그 사람은 바보~다. 어릴 때 편 갈라서 놀이를 할 때를 생각해보라. 내 편 하나가 떨어져 나가면 얼마나 속상했는지. 내가 질 확률이 높아지니 큰일이라도 난 것처럼 분한 마음이 들지 않았던가.

우리는 살면서 수많은 경험을 하게 된다. 그리고 그 경험으로부터 배우고 성장해나간다. 부모님에게서 헌신과 인내를, 친구들과는 우정과 배려를, 학교 선생님으로부터 책임감과 끈기를, 직장 동료와는 협동심과 소통하는 법을 배운다. 그중에서 나는 결혼을 하여 새롭게 이룬 가정에서 배우고 경험하는 것이 가장 다양하고 깊이 있는 것이라고 생각한다. 무엇보다도 기쁨, 분노, 슬픔, 즐거움 등의 인간이 느낄 수 있는 모든 감정을 가장 깊이 있게 경험하게 되는 곳이 가정이다. 또한 이러한 순간들에 우리가 어떻게 반응하고 대처하느냐에 따라 가정의 행복이 결정된다. 기쁠 때는 사소한 것이라도 함께 나누고 표현해주어야 한다. 분노는 조절할 줄 알아야 한다. 모르는 남 앞에서는 자제하면서 사랑하는 가족 앞에서 자제를 못할 이유가 뭔가. 슬플 때는 진심으로 위로해주고 안아주어야 한다. 같이 뛰고 노래하고 춤출 수 있어야 한다. 모든 것을 나누어야 하는 가족이다. 그 앞에서 부끄러울 것이 무엇이 있겠는가?

회사에서 동료들과 잘 지내기 위해 인간관계를 공부한다. 회식에서 잘 놀기 위해 노래도 연습하고 춤도 연습한다. 어쩌다 만나는 친구를 보러 갈 때 한껏 꾸미고 나간다. 사업이 잘 풀리면 직원들에게 그 공을 돌려 칭찬해준다. 배우들의 공연을 보고 가수들의 노래를 들으며 박수 쳐주고 환호해준다. 나의 가족들에게도 이렇게 해보자. 아내에게 어떻게 하면 점수를 딸 수 있을까? 남편에게 어쩌면 더 매력적으로 보일까? 같이 노래방에도 가보고 같이 춤도 배워보면 어떨까? 잘하면 박수 쳐주고 못해도 응원해주자. 사업이 성공한 것은 혼자 한 것이 아니다. 아내의 보이지 않는 노력이 보태어진 것이다. 모든 희로애락을 같이 나누고 자제하고 배려하고 하면서 인간관계의 기본을 배우는 곳이 가정인 것이다.

나는 결혼하고 거의 4년 만에 우리에게 새로운 인연이 찾아왔다. 임신이 되었다는 소리를 들었을 때부터 아기가 태어날 때까지 힘들지만 행복한 기다림이었다. 나는 유난히 입덧이 심해서 임신 초기에는 병원에서 수액을 맞기도 하고 위험 부담을 안고 입덧을 줄여주는 약도 처방 받아서 먹었다. 출산일이 가까워져 예정일을 10일 정도 남기고 정상 분만이 힘들 것 같아 수술을 받기로 결정했다. 이 모든 과정이 나의 인내심을 시험하는 것과 같았다. 나는 그래도 밥이든 시원한 음료수든 조금씩 먹을 수는 있었다. 설사 다시 다 토해 내더라도, 또 약의 도움도 받을 수 있었다. 그러나 나중에 친정어머니와 얘기를 해보니 그 당시 어머니는 물 냄새조차 맡기 힘들 정도로 입덧이 심했다고 하셨다. 다행히 아기는 잘 이겨내어 작지만 건강하게 태어났다. 처음 아기가 태어나서 젖을 잘 빨지도 못하고 체중은 점점 줄고 황달까지 심해지자 나 자신의 인내심의 부족을 탓하게 되었다. 약을 괜히 먹었나 싶기도 했다. 힘들어도 예정일까지 참았어야 했는데 그랬더라면 아기가 더 튼튼하게 태어났을 텐데 등등. 아무리 그렇지 않다고 이성적으로 생각하려 해도 잘 되지 않았다. 젖병을 조금 빨다 힘들어하면서 늘어져 있는 아기를 안고 울고 있으면 어머니가 눈에 안 좋다고 나무라기도 하셨다. 그렇게 나는 새로운 아이와 함께 지금까지 매일매일 나의 인내심을 시험하며 지낸다. 그러면서 나도 진정 어른이 되어가는 것을 느낀다. 참을성이 부족한 나는 조금씩 인내하는 법을 배우려고 애쓰고 있다. 인자함이 없고 냉정하기만 했던 나도 조금씩 인자한 미소를 지어보려고 노력한다. 이기적이기만 했는데 어쩔 수 없는 희생이지만 너무 힘들지만은 않다. 다 나의 사랑하는 아이를 위한 것이니까 말이다.

오래전부터 친정어머니가 그러셨다. 내 피부가 건조하고 매끄럽지 못한 것은 "임신해서 뭘 제대로 먹지 못한 엄마의 탓이다."라고 입버릇처럼 이야기한다. 그럴 때마다 나는 전혀 인과관계가 없는 말이니 신경 쓰지 마시라고 말한다. 그런데 내가 지금 똑같은 생각을 하고 있다. 지금 꼬맹이가 갖고 있는 알레르기 증상이 내가 입덧을 못 참고 약을 먹어서는 아닐까, 너무 일찍 세상에 나오게 해서는 아닐까 하고 말이다.

결혼을 하면 새로운 경험을 많이 한다. 그중에서도 나를 희생하고 인내하는 법을 배우게 된다. 그리고 누군가를 진정으로 사랑하는 것이 어떤 것인지 조금은 알게 된다. 그리고 나 자신이 아닌 다른 사람의 마음도 헤아려줄 줄 아는 아량도 생긴다. 그러면서 내심 뿌듯함을 느끼고 더 잘 해야겠다는 다짐도 하게 된다. 무엇보다도 결혼의 가장 큰 축복은 우리 두 사람을 닮은 아기의 탄생이다. 새로운 인연의 탄생은 기쁨을 넘어 진실로 생명의 신비함과 놀라움에 대한 경험을 하게 해준다. 우리는 꼬맹이에게 묻는다. 어느 별에서 왔냐고. 그러면 자기는 달에서 왔다고 한다. 언제 우리에게 오겠다고 결심했냐고 물었다. 달에서 놀다 요렇게 보니 가야 될 것 같다 싶어서 왔다고 했다. 이게 바로 하늘의 축복이 아니고 무엇이겠는가.

결혼은 이런 모든 것들을 통해서 우리를 성숙하게 만든다. 그렇게 우리의 인생도 조금씩 완성되어가는 것이다. 인생을 완성시키려면 결혼이 필요하다. 물론 다른 요소도 필요할 것이다. 그러나 나는 인생을 완성시키는 데 필요한 것들이 무엇이냐고 묻는다면, 지금까지 찾은 것 중에는 결혼이라고 답할 것이다.

05

결혼생활에도 버퍼링이 필요하다

버퍼는? 버퍼링을 하기 위한 메모리.

버퍼링은? 버퍼에 데이터를 담는 과정.

참~쉽죠?

그런데 이 쉬운 것을 우리끼리는 왜 안 할까요.

사랑하는 너와 나, 남편과 아내에 대한 버퍼링.

부부는 결혼하기 전 서로 다른 가정 환경에서 자랐다. 그리고 서로 다른 경험들을 갖고 있다. 그런 두 사람이 만나 새로운 한 가정을 이루어야 한다. 그러니 서로 적응하는 시간이 필요하다. 우리가 새로운 물건을 살

때 그 물건을 잘 이용하려면 사용법을 배워오거나 설명서를 확인해야 한다. 제대로 된 사용법을 모르고 섣불리 사용할 경우 오류가 생기거나 고장이 나는 경험을 했을 것이다. 유치원을 가도 적응 기간이 필요하고 회사에 취직을 해도 수습 기간이 필요하다. 하물며 인륜지대사인 결혼 후에 가정을 이루는데 어떻게 그냥 지나갈 수 있겠는가. 서로를 알기 위한 시간은 반드시 필요하다. 또한 가정을 이루는 데 필요한 여러 작업들도 알아가고 배우는 시간이 필요하다.

결혼을 하고 처음 해야 될 일은 서로에 대해 깊이 있게 알아내는 시간을 갖는 것이다. 내가 결혼한 사람이 어떤 사람인지 알아보는 과정이 반드시 필요하다. 설거지를 누가 할 것인지, 생활비는 어떻게 마련할 것인지를 가지고 서로 기싸움을 할 때가 아니다. 아내와 남편의 모든 데이터를 각자의 머릿속에 일단 저장해두어야 한다. 그리고 필요한 순간에 적절하게 작동할 수 있도록 준비해두어야 한다. 이 과정이 바로 '버퍼링'인 것이다. 그리고 이런 데이터 분석 과정과 결과를 도출하는 방법과 형태에 남녀의 차이가 약간은 있다는 것을 미리 공부해두면 더 좋다. 생각했던 것과 다른 결과가 나올 경우 남녀의 생리적인 차이를 고려해보아야 한다.

우리 부부는 결혼 후 처음 몇 달 동안 엄청나게 많은 대화를 나누었다.

어릴 때는 어떻게 자랐고 부모님은 어떠셨고, 어떤 일들 때문에 힘들었고, 어떤 일이 즐거웠는지, 어떤 것들을 좋아하고, 어떤 것들이 두려웠고 싫었는지, 상처 받았던 일, 기뻤던 일 등등 셀 수 없이 많을 것들을 서로 이야기하면서 기억 속에 심어 두었다. 부부 사이에는 비밀이 없다고 한다. 마음속 깊이 혼자만 알고 싶은 감추고 싶은 일도 있을 것이다. 그러나 그것이 나중에 마음의 응어리가 되고 둘 사이에 불화의 불씨가 될 수 있다. 용기를 내서 얘기하는 것이 좋다.

나는 남편이 어려움을 호소할 때 자잘한 과정 이야기를 들어주는 것보다 결론부터 듣기를 원했다. 그러면 남편은 "어쩌면 그렇게 냉정하냐?"라고 얘기한다. 그러면 나는 "도와주고 싶은 마음에서 그런 거다. 내 나름대로 해결책을 제시한 것이다. 말만 듣고 그래그래 대답만 하면 일이 해결되는 게 아니지 않느냐."라고 말한다. 한두 번 그런 일이 있은 후부터는 남편도 그런 나의 태도를 이해한다. 실제로 구체적인 의견을 자주 묻는다. 나도 또한 웬만하면 서론이 긴 남편의 이야기를 꾹 참고 들어주려고 노력한다. 자상하고 소녀같이 밝은 어머니에게서 자란 남편과 엄격한 아버지 밑에서 남성적으로 자란 나는 서로가 다름을 알고 있기 때문이다.

만약 서로에 대해 깊이 있는 대화가 없었을 경우 이런 내막을 알 수 없었을 것이다. 그러면 또 서로의 사랑에 대해 의심하게 된다. 하지만 서로에 대해 많이 알면 알수록 이런 오해들이 줄어든다. 요즘은 특히 정보화 시대다. 모든 기업과 국가에서 개개인의 정보를 서로 수집하려고 혈안이다. 하물며 가족 구성원의 데이터는 왜 분석하지 않나? 특히나 예전과 달리 복잡하고 변화가 빠른 시대에 살고 있는 우리는 각자의 경험치 또한 엄청나게 다양하고 다를 수 있다. 부부 간의 서로에 대해 알아가는 과정, 그것도 깊이 있게 알아내는 정도에 따라 앞으로 결혼생활이 평화로울 것인지 자주 싸울 것인지 판가름날 것이다.

남편은 나에 대한 정보를 아주 꼼꼼하게 저장해둔 것 같다. 그리고 분석하는 시간이 오래 걸린다. 그래서인지 잘 맞춰준다. 대신 지나친 분석으로 과장된 경향이 있고 자주 피곤해한다. 나는 필요하다고 생각하는 것은 저장해두었지만 그렇지 못한 것은 버린 듯하다. 그래서 결과는 빨리 나오지만 대체적으로 섬세하지 못하다.

때로 저장해둔 데이터를 분석하고 반응하는 데 시간이 많이 걸리는 경우도 있다. 그러나 시간이 걸리더라도 참고 기다리면 된다. 그 시간을 못 기다리고 '됐어, 그만해!'라고 해버리면 결과를 볼 수 없다. 물론 서로에 대한 데이터가 없는 것과 똑같은 결과인 것이다. 그래서 서로를 알아가는 데 참고 기다리는 시간도 필요하다. 그리고 상대방이 결론을 낼 때까지 적당한 방법을 모색할 때까지 기다려주는 것도 필요하다. 그러면 아내는 쫓아다니면서 플레이를 눌러 남편이 자꾸 데이터를 되돌리게 할 일이 없어진다. 또 남편은 기다리라고만 하고 계속 빙글빙글 돌리면서 버퍼링만 해서 아내를 화나게 할 필요도 없어지는 것이다.

여기서 주의할 것이 있다. 대개 남녀의 특성에 대한 일반화된 지식을 가지고 서로에 대해 어느 정도 파악했다고 생각하는데 그래서는 안 된다. 예외란 반드시 있고 지금처럼 남녀의 역할이 모호해진 사회에서는 더욱 그렇다. 나는 길을 몰라도 절대 남에게 물어보지 않는 여자다. 지도를 못 보는 길치임에도 불구하고 지도만 보고 간다. 남편은 지나치게 자주 물어본다. 척 봐도 모를 것 같은 사람에게조차 물어본다. 그러는 동안 도둑이 지갑 털어간다고 해도 듣지 않는다. 귀찮게 왜 시간 낭비 하냐는 것이다. 나는 차만 타면 험한 말이 잘 나오는 여자다. 내가 왜 그러는지 몰라~ 도대체 왜 그러는지 몰~라. 평소에는? never! 그래서 남편이 항상 나에게 다짐을 받아두려 한다. 모르는 운전자에게 절대 시비 걸지 말라고, "큰일 난다고, 제~발."이라고 이야기한다. 남편은 차만 타면 지나치게 양보를 해줘서 속 터지게 만든다. 게다가 고속도로 진입로 근처에 가면 몇 미터 앞인지 헷갈려하는 남자다. 그리고 내가 잠시 말만 걸어도 딴 길로 들어간다. 한 번에 한 가지씩 못 하는 거 보면 남자이긴 한 거 같은데 말이다. 나는 잔소리 안 하는 여자다. 그래서 내가 가끔 하는 잔소리는 남편이 중요성을 인지하도록 얘기한다. 그래서 남편은 반드시 지키려고 애쓴다. 그리고 절대로 해서는 안 되는 일에 대해서는 슬쩍 무언의 암시를 준다. 당신을 절대적으로 믿지만 특정한 일 한 가지는 반드시 지켜야 한다고 말이다. 남편은 잔소리를 많이 한다. 그러면 꼬맹이가 "아빠 싫어! 아빠는 잔소리쟁이!" 그런다. 그러면 남편은 또 삐진다. "맘대로 해라. 잔소리 안 할 테니." 그렇다고 삐질 것까지야….

이렇게 서로 다른 남자와 여자가 각자가 다른 삶의 정보와 기억들을 가지고 만났다. 서로 많이 대화하고 탐색해서 서로에 대해 완벽히 알 수 있도록 애쓰면서 어떠한 순간에도 적절하고 합리적인 결과를 만들 수 있도록 노력해가는 과정이 결혼이다. 누군가 결혼 초에 열심히 싸워 기선을 잡아야 한다는 소리는 잊어버리자. 싸울 시간이 없다. 서로에 대한 많이 알아내고 자신을 잘 드러내어 서로에게 많은 정보를 제공해주는 시간을 가져야 하는 시기가 결혼 초반의 시간이다. 그것이 앞으로 남은 긴 결혼생활의 여정에 중요한 기반이 되는 것이다.

06

결혼해도 성장해야 한다

고대 그리스의 희극 작가 아리스토파네스의 반쪽 찾기에 대한 내용이다.

"원래 인간은 둥근 공 모양이었다. 그런데 완전체의 인간은 능력이 뛰어난 것을 이용하여 신들의 자리를 넘보게 되었다. 이를 본 제우스가 둘을 갈라놓아 그 힘을 빼앗고 반쪽을 찾아다니도록 만들었다."

우리는 그 반쪽을 만나 결혼을 하였으니 완전체가 되었다. 둘이서 합심만 잘하면 못 할 일이 없게 된 것이다. 그러니 신이 시샘도 할 만하다.

그러한 이유로 가정에 갈등과 불화의 불씨를 심어두었다. 이 신의 시샘을 잘 이겨낸다면 불완전했던 우리가 완전한 인간으로 성장하게 되는 것이다.

인생의 시련은 누구에게나 있을 수 있다. 혼자라도 마찬가지다. 그러나 우리는 이제 둘이 되었으니 그 시련을 더 잘 견딜 수 있다. 어떠한 인생의 시련도 견디면 지나가는 법이다. 하물며 결혼생활에서 가끔씩 끼어드는 불화는 서로 조금만 노력하면 금방 해결할 수 있는 문제들이다.

나는 세계문학 읽기를 좋아한다. 문학작품 속 인물들을 보면서 같이 희로애락을 느낀다. 그들의 삶을 내가 살아보는 상상도 한다. 그리고 그들의 삶을 보면서 인생을 바라보는 자세도 배우게 된다. 얼마 전 중앙일보(2021년 1월 3~4일)에 실린 번역가이자 사업가인 김정아 님의 이야기가 눈길을 사로잡았다. 그 이유는 그녀가 도스토예프스키 전문가라는 글귀 때문이었다. '스페이스 눌'의 CEO이며 패션 업계의 큰손이라는 사실은 그 뒤에 기사를 읽으면서 알게 되었다. 현재 그녀는 도스토예프스키 4대 장편을 완역하는 작업을 했다고 한다. 그녀는 남들이 자는 새벽 2시에 일어나 번역 작업을 했다고 한다. 그 시간은 일하는 시간이 아니라 놀이 하는 시간으로 여겨진다고 했다. 그런 그녀가 가장 잘한 일은 애를 셋 낳은 것이라고 했다. 아이들과 함께 성장하고 아이들을 키우면서 인생을 긍정적으로 보게 되었다고 했다. 그녀는 가정을 이루고도 가진 재능을 버리지 않고 모두가 잠든 시간을 택해 자기 성장을 꾸준히 해왔던 것이다. 그런 그녀가 더 대단해 보이는 이유는 다름이 아닌 아이들에 대한 애정이었다. 그만큼 가정에 대한 애정도 크고 성실할 것이라는 생각이 들었다.

현대는 여성들의 자기 계발을 중요하게 생각한다. 여성이든 남성이든 결혼하고도 자기 계발을 하고 계속 성장하도록 공부해야 한다. 직장이 있는 경우 결혼했다고 직장을 버릴 필요는 없다.

"어떻게 한 인간이 자기의 천부적인 취미를 살리겠다고 자기 아이를 떠날 수 있을까? 〈아이〉에 대한 의무는 이러쿵저러쿵 질문 따위가 있어서는 안 되는 자연스러운 것, 명백한 것, 분명한 것이 아니었던가? 자명한 것을 부인하고 구속력 있는 유일한 현실을 부인함으로써 얻게 된 업적은 그것이 아무리 놀라운 것일지라도 처음부터 불명예스럽고 무가치한 것이 아니었던가?"

노벨문학상 수상 작가 페터 한트케의 『아이』라는 소설에 나오는 내용이다. 자신의 일을 자녀 양육과 병행할 수 있으면 좋다. 힘들더라도 버틸 수 있다면 버티는 것이 좋다. 그러나 설사, 자녀 양육 때문에 직장을 잠시 그만두더라도 직장을 포기한 것에 대한 화살을 자녀에게 돌려서는 안 된다. 서로에게 좋지 않다. 아이와 행복한 시간을 갖게 됨을 감사하고 새로운 기회를 기다려야 한다. 마음만 잘 다지고 있으면 또 다시 좋은 기회가 올 것이다. 물론 자녀를 키우는 일은 쉽지 않다. 자녀를 키우다 보면 나이도 들고 어느 순간 이런 결심이 흐지부지되고 자신의 재능을 그냥 포기하게 될 수도 있다. 그러나 자신의 꿈과 소망을 잊지 않고 주어진 상황에서 준비하고 기다린다면 기회는 오게 마련이다. 그리고 무엇보다 중요한 것은 자식의 행복이지 않은가? 가정의 평화이지 않겠는가? 자식과 가정의 행복은 기다려주지 않는다.

'수신제가 치국평천하'라는 말이 있다. 몸과 마음을 닦아 수양하고 집안을 가지런하게 하며 나라를 다스리고 천하를 평한다는 뜻이다. 사랑하는 가족을 위해 집안을 평화롭고 조화롭게 하여 행복하게 지낼 수 있다면 그 어떤 명예와 부가 부럽겠는가. 내 몸과 마음이 가족을 위해 기다리고 인내한다면 그 어떤 정신적인 수행자나 선지자가 이룬 것보다 고귀하다고 자부해도 될 것이다. 그러니 설사 부와 명예와 학문적인 성과를 이루지 못하였다고 해서 가족을 탓하거나 자신을 탓할 필요가 없다. 이미 당신은 사랑의 마음으로 크게 성장하여 있기 때문이다. 그래서 우리의 어머니의 말과 눈빛과 품속은 그 어떤 성인의 말보다 우리에게 평화를 주는 것이다.

그리고 가족을 위해 정직하게 살려고 노력해야 한다.

"정직한 만큼 부유한 유산도 없다."는 셰익스피어가 한 말이다. 누구든 자녀에게 많은 부를 물려주고 싶을 것이다. 그러나 정직하지 못하게 이룬 부가 자손에게도 의미가 있을지 생각해볼 일이다. 차라리 정직함을 물려주는 것이 옳을 것이다. 빌 게이츠의 부모는 "빌에게 많은 재산을 물려주었다면 마이크로소프트를 세우지 못했을 것이다."라고 했다고 한다. 자식은 자신의 몫이 있다. 스스로 얼마든지 부와 명예를 이룰 수 있다. 올바르지 못한 부를 물려주어 자식의 길에 오점이 되게 하느니 정직을 가르치는 것이 그 앞날에 더 큰 행복을 주는 방법일 것이다.

그렇다면 이제 인생의 진리에도 관심을 가져보자. 중앙일보 2020. 12.16일자 〈박정호 논설위원이 간다〉에 실린 내용이다. 결혼한 사람들뿐만이 아니라도 모든 사람들이 한번 새겨들을 만한 이야기인 듯하여 옮겨 보았다.

'아테네 시민들이여 돈을 벌고 명성과 위신을 높이는 일에 매달려서 진리와 지혜에는 조금도 주의를 기울이지 않는 것은 부끄럽지 않은가?' 소크라테스가 한 말이다. 부와 명성을 추구해서 가정은 뒷전에 두고 일과 사회적 관계에만 매달린다면 삶이 조화롭지 못하다. 자신의 편안과 안위를 위해 조금도 희생하지 않으려 한다면 삶이 무슨 의미가 있을까. 이제 한 가정을 이루었으니 지혜로운 아내와 남편이 되려면 인생의 진리와 지혜에 관심을 가져보자. 그 속에 답이 있고 행복이 있을 것이다.

소크라테스는 '나는 단 한 가지 사실만은 분명히 알고 있는데, 그것은 내가 아무것도 알지 못한다는 것이다.'라고 했다. 내가 무지하다는 것을 아는 것이 곧 앎의 시작이라고 했다. 내가 옳고 상대방은 틀리다고 생각해서는 안 된다. 나도 부족한 사람이라는 것을 깨달았을 때 비로소 남의 말이 들어온다. 그리고 서로 들어주고 서로 대화하고, 토론하고, 합의하고 함께 살아가려고 노력할 때 지혜로운 삶이 시작된다. 남편의 입장과 아내의 입장을 이해하려는 마음을 갖도록 해보자. 부모님이 불편하게 생각되면 입장을 바꿔 생각해보는 것이다. 해결방법이 있을 것이다. 남편이 나를 화나게 하면 왜 저런 행동을 하나 생각해보자. 그럴 만한 이유가 있을 것이다. 인생의 진리라는 것이 따로 있겠는가. 이런 일들을 깨닫고 실천하는 것이 인생의 진리를 알아가는 과정이라고 본다. 또한 이것이 우리가 성장하는 과정이 아닐까.

우리는 아름다운 가정은 이루었다. 가족이 생긴 것이다. 그들을 위해 지혜로운 사람이 되려고 노력하자. 가족들이 지켜보고 있으니 정직하게 살려고 노력하자. 부도덕하게 살고 꾀만 부리면서도 잘 사는 사람들이 보인다고 흔들릴 필요 없다. 그들은 그 나름의 대가를 지불해야 할 날이 올 것이다. 그러니 우리는 정직하고 지혜롭게 살 것이다. 그러면 우리는 매일 성장하고 발전하게 될 것이다.

07

꿈꾸는 부부가 더 행복하다

행복은 물질이 아니다. 보이지도 않고 잡을 수도 없다. 그러니 물질적으로 가난한 사람도 행복할 수 있는 것이다. 행복은 내가 가지고 있는 것에서 찾을 수 있다. 내 마음속에 있다. 마음으로부터 온다.

그러니 내가 행복하면 그도 행복하고 그가 기쁘면 나도 기쁜 것이다. 그러므로 내 마음과 그 사람의 마음속에 행복한 것들로 채워주자.

영국의 시인 '리처드 러블 레이스'는 감옥에서 아름다운 편지를 썼다고 한다.

돌벽은 감옥을 만들지 못하오
철창도 감옥을 만들지 못하오
순결하고 조용한 영혼은
감옥을 외딴집으로 여긴다오
내 사랑 안에 자유가 있다면
내 영혼도 자유롭소
하늘 위에 사는 천사들만이
그런 자유를 즐길 수 있다오

내가 결혼을 하고 달콤한 신혼을 보내던 중에 남편이 세계여행을 가고 싶다고 했다. 우리는 결혼하고 1년이 지나도 아기가 없었다. 둘 다 개인 의원을 하고 있던 중이라 당장 병원 문을 닫을 수도 없었다. 그런데 남편이 자신의 오랫동안의 소망이니 같이 1년 정도 세계여행을 가자고 했다. 본인이 계획을 다 짜고 돈도 마련하겠다는 것이다. 우리는 아기가 생기지 않아 인공수정도 몇 차례 하고 시험관아기 시술도 했었는데 실패했다. 그러자 남편은 나를 위로하면서 아기 없이도 둘이 행복하게 살 수 있으니 너무 힘들어 하지 말자고 나를 위로했었다. 그런 생각으로 여행을 가자고 한 것인지는 몰라도 눈빛이 간절하여 거절할 수가 없었다. 남편은 병원을 헐값에 넘겨야 했다. 나도 계약 기간이 1년이나 남아 있는 상태에서 폐업을 해야 했기 때문에 1억 가까이 되는 보증금을 다 날리고 원상 복구까지 해주고 나와야했다. 그리고 여행을 떠났다. 영국에서 6개월, 터키부터 시작해서 북아프리카 유럽을 포함하여 6개월을 같이 여행했다. 수없이 많은 아름다운 풍경들을 보았고 재미난 일들을 경험했다. 행복한 순간들이 우리 두 사람의 가슴에 가득 채워졌다.

큰 손해를 보고 떠난 여행이었지만 지금도 그때 여행가자고 한 남편이 고맙다. 그리고 더 큰 보물이 우리에게 찾아왔다. 1년 동안 몸이 건강해지고 마음이 편해지자 아기가 그것을 알고 우리에게 온 것이다. 이제 가봐도 되겠다 싶었나 보다. 프랑스의 보르도를 여행할 때 생트에밀리옹이라는 작은 와인 산지가 있었다. 그곳에 아주 오래된 석굴 교회가 있는데 에밀리옹 성자가 앉았던 의자가 있었다. 가이드 하시는 분이 그 자리에 여성이 앉으면 임신이 되니 원하는 사람은 앉아보라고 했다. 나 외에는 아무도 지원자가 없어 나 혼자 앉아 조심스럽게 소원을 빌었다. 아기가 태어난 것이 그 덕이라고 생각되어 여행 갔다 와서 아기가 태어나고 한참 동안은 생트에밀리옹산 와인만 보면 다 사다 둘이 나눠 마시며 그 날 얘기를 했다. 행복한 마음은 또 다른 행복을 데리고 오는 듯했다. 내 나이가 43세, 다들 임신을 포기하는 나이에 건강하고 예쁜 아기가 태어났으니 그 행복은 이루 말로 표현할 수가 없었다. 남편의 꿈이 아니었다면 우리 아기가 이렇게 제때에 찾아와주었을까 하는 생각을 해본다. 꿈은 이렇게 먼 곳에서도 행복을 가져다주는 듯했다.

그리고 이제 나는 작가가 되고 싶다는 꿈을 이야기했다. 남편은 기꺼이 응원해주겠다고 했다. 나는 지금 작가가 된 나의 모습을 상상하면서 이 글을 쓰고 있다. 지금은 시작에 불과하다. 그러나 나의 상상 속에는 책과 함께 이룬 많은 것들이 있다. 모든 위대한 걸작들은 인간의 상상 속에서 나왔다. 상상 속에서 나는 베스트셀러 작가가 된다. 상상 속에서 우리는 우주로 날아갈 수도 있다. 그리고 몇 백 년을 아름다운 별들을 여행하고 수천 가지의 이야기들을 만날 수 있다. 원하는 것이 있다면 그것을 상상해보라. 상상 자체만으로도 행복하다. 그리고 상상으로 인해 구체화된 꿈은 현실의 결과로 이어질 확률이 더 높다. 우리가 천재라고 부른 많은 사람들의 상상력에 의한 결과물들은 너무도 많다. 상상하고 꿈꾸자.

며칠 전 TV를 보다 우연히 인생 3막을 아름답게 꾸려가고 있는 노부부를 보았다. 할아버지는 손주들을 보며 예쁜 그림을 그리고, 할머니는 글을 쓰는 일을 함께하고 있었다. 그 모습이 너무도 사랑스럽고 아름다웠다. 그리고 놀라운 것은 두 분은 신체적인 건강뿐 아니라 정신적인 건강도 잘 유지하여 청년들 못지않은 감각을 지니고 있었다. 이렇게 꿈을 꾸고 상상을 하고 창작으로 실천하는 과정에서 신체적인 건강과 정신적인 건강이 함께 이루어진 것이 아닐까 하고 나 나름대로 추측해보았다. 또한 손주들과 같이 춤을 추며 오락을 즐기고 새로운 시도를 하는 모습을 보며 열린 마음의 자세가 얼마나 중요한가를 알게 되었다. 노부부는 손주들이 어떤 제안을 해도 거절하지 않고 서투르더라도 함께 시도해본다고 했다. 이런 모든 일들이 가능한 것은 두 부부의 사랑과 꿈을 실현하려는 적극적인 의지와 긍정적인 자세에서 비롯되는 것이 아닐까. 또한 멋진 꿈을 이루려면 마음의 준비도 필요하다. 긍정적인 마음, 열린 생각, 적극적인 태도가 그것이다. 그리고 신체적인 건강도 필요하다. 이런 것들이 함께 되어야 꿈을 꾸는 부부, 꿈을 이루는 결혼생활이 가능할 것이다.

현재의 내 꿈이 실현되고 나면 우리는 또 다른 꿈을 준비할 것이다. 그것은 새로운 여행이다. 그 새로운 여행에는 행복을 싣고 떠나려고 한다. 다른 사람들에게도 나누어줄 수 있는 행복을 함께 담아 더 큰 행복을 위해 떠날 것이다. 그리고 그곳에서 행복을 묻고 배우고 다시 나누고 하는 행복 여행을 떠날 것이다. 꿈을 꾸고 상상할 줄 아는 사람은 행복하다. 그러니 꿈을 꾸는 부부는 행복한 가정을 이룰 것이 분명하다. 그 꿈과 상상력은 자손에게로 이어져 영원히 지속되는 행복의 밑거름이 될 것이다. 지금부터라도 함께 준비해보자.

마음에 준비를 하고 무엇을 할 것인가 상상하고 그것이 무엇이든 받아들이겠다는 열린 마음과 건강한 신체만 있다면 무엇이든 못 하고 어디든 못 가겠는가. 우주로도 날아갈 수 있는 것이다. 두 사람의 마음이 행복한 꿈들이 가득 찬다면 어떤 불화도 들어올 틈이 없을 것이다. 오늘 중 어느 때든 잠시 이런 행복한 상상을 한다면 그날 하루가 즐거울 것이다.

"나는 밤에 꿈을 꾸지 않는다. 나는 하루 종일 꿈을 꾼다. 나는 생계를 위해 꿈을 꾼다." 스티븐 스필버그가 한 말이다. 누구나 꿈이라고 하면 허황되다고 생각하며 먹고살기 바쁜데 꿈이나 꾸고 있을 시간이 있냐고 말한다. 그러나 스티븐 스필버그처럼 꿈으로 이루어진 직업을 가진 사람들은 대부분 엄청난 성공을 거두었다. 월트 디즈니도 마찬가지다. 하나의 꿈과 쥐 한 마리로 모든 판타지를 충족시켜주고 있는 곳이 디즈니랜드가 아닌가. 성공, 그것도 엄청난 성공을 거두려면 꿈으로 시작해야 한다. 그러나 지금은 작은 것이라도 좋다. 그 꿈을 매일 꾸고 실천하다 보면 언젠가는 엄청나게 큰 꿈의 왕국이 되어 있지 않을까 상상하며 꿈꾸는 행복한 부부가 되도록 하자.

결혼 전에
준비해야 할 것들

01

단점보다 장점을 볼 줄 알아야 한다

'promise, devotion, destiny, eternity and love

I still believe in these words forever

약속, 헌신, 운명, 영원, 그리고 사랑

이 낱말을 난 아직 믿습니다. 영원히'

내가 가장 좋아하는 가수 신해철이 넥스트 시절 불렀던 명곡이다.

이 노래를 들으면 지금도 가슴이 감동으로 물결친다. 얼마나 멋진 말들인가? 약속, 헌신, 운명, 영원, 사랑.

우리는 결혼을 했다. 운명적으로 만났고 영원히 사랑하겠다고 약속하며 서로의 손에 반지를 끼워주었다. 우정의 반지, 영원의 반지, 나만 그 마음을 열 수 있는 반지. 이제 남은 것은 서로에 대한 헌신이다.

나의 아버지가 시골로 요양하러 들어가실 무렵, 아버지는 음식을 거의 삼키기 힘든 상태였다. 어린 나의 기억에도 아버지는 눈이 퀭하고 볼이 쑥 들어가 있고 너무 마른 모습이었다. 그리고 자주 토하곤 하셨다. 어머니는 매일같이 무언가를 즙을 내고 있었다. 당근즙도 있었던 것 같고 초록 채소즙도 있었다. 그때는 즙 짜는 기계도 없어서 손으로 갈아 보자기에 싸서 꼬챙이 같은 것으로 돌려 즙을 짰다. 작은 체구의 어머니는 그럼에도 있는 힘을 다해 즙을 짜내곤 하셨다. 집안 형편은 점점 어려워졌지만 아버지는 구사일생으로 건강을 회복하셨다. 친척들도 아버지의 좋아진 모습을 보고 놀라면서 그 동네로 이사 오고 싶다고 했다. 공기가 좋아서 그런가 보다 하였다. 그러나 아버지의 회복은 다 어머니의 헌신적이 노력 덕분이었다. 아버지가 조금씩 일을 할 수 있게 되면서부터 그럭저럭 살만해진 적도 있었다. 그러나 어머니의 고생은 계속 이어졌다. 그리고 아버지가 마지막에 암으로 돌아가실 때까지 두 분은 서로 묵묵히 힘든 삶을 이겨내셨다. 어머니에게 물어봤다. 고생시킨 아버지가 밉지 않았냐고. 그랬더니 "으응" 하고 고개를 저으신다. 인생이 더 잘 피어날 수도 있었을 똑똑한 사람인데 자기를 만나서 힘들었을 거라고 했다. 결혼해서 같이 산다는 것은 이런 것이다. 서로 인내하고 헌신하고 내가 더 힘들다고 투정하지 않는 것이다. 내가 좀 더 잘하고 좀 더 참고 그가 나보다 잘난 사람이라고 인정해주고 격려해주는 것이다. 이런 마음의 준비만 되어 있다면 우리는 영원히 서로 사랑하며 백년해로할 수 있다.

오래전 친구가 남편이랑 차를 타고 가면서 속이 터져 죽을 뻔했다고 하는 이야기를 들었다.

운전을 너무 천천히 한다는 것이었다. 아이를 데리러가야 하는데 늦을까 봐 조바심 났지만 너무 재촉할 수 없었다고 했다. 그래봐야 소용이 없다는 것을 알기 때문이었다. 친구는 결혼하기 전 남편과 데이트 할 때는 운전을 조용하고 부드럽게 해서 좋았단다. 참 젠틀한 사람이라고 생각하면서 그 모습이 멋있게 보였다고 했다. 그런데 그 장점이 결혼하고 10여 년이 지나니 '속이 터지게 하는 일이라니' 하며 서로 웃었던 기억이 있다.

결혼 초에는 모든 것이 좋아 보인다. 그러나 소위 콩깍지가 벗겨지고 나면 조금씩 보는 눈이 달라진다. 그러니 결혼 초에 서로에 대한 장점을 많이 알아두어야 한다. 이왕이면 단점도 알아두는 것이 좋다. 서로에 대해 많이 알수록 좋다. 세월이 흘러 남편이 미운 행동을 할 때 그 옛날 멋있었을 때를 떠올리며 웃을 수 있다. 그때는 뭘 보고 내가 저런 모습이 멋있다고 생각했지? 의아해 하면서 말이다. 그리고 세월이 지나면 친구의 예처럼 단점이 장점으로 바뀌어 있을 수도 있다. '참 알다가도 모를 사람이군.' 하는 생각이 들며 웃음이 나지 않을까? 결국은 모든 것이 그 사람이 갖고 있는 장점이다. 결혼한 사람들만이 누릴 수 있는 특장점이랄까? 이렇듯 다른 사람의 장점을 볼 줄 아는 사람은 나에게 일어나는 모든 일을 장점으로 바꿀 수 있다.

결혼 전에 내가 남편에게 눈이 작다고 얘기했다. 나는 아주 객관적인 사람이다. 그랬더니 남편은 처음 듣는 소리라면서 깜짝 놀랐다. 진심인 듯했다. 부모님뿐만 아니라 일가친척, 친구들도 자기가 너무 멋지다고만 했다는 것이다. 나는 '그 정도는 아닌데.' 하면서 속으로 빙그레 웃었다. 이 사람은 긍정적인 사람이고 자신감이 넘치는 사람이구나 싶었다. 그리고 그의 주변에 있는 사람들도 다들 그런 따뜻한 사람들일 것이라고 생각했다. 그리고 지금은 나의 그 직감은 틀리지 않았음을 매일 실감한다.

모든 순간 나 자신이 당당해야 한다. 우리 집 꼬맹이가 자꾸 놀아달라고 조르면서 하는 말이 있다. 자기가 엄마 아빠와 놀아주는 것에 대해 영광이라고 생각해야 된단다. 부부끼리도 마찬가지다. 자신의 존재가 가치 있음을 알릴 수 있는 사람은 나 자신 말고는 없다. 나와 결혼한 것을 하늘의 은총이니 '영광으로 생각하라' 얘기하라. 우리 집 '영광'의 어원은 어머니에게서 시작됐다. 꼬맹이가 3~4살 무렵 장난치다 아빠의 얼굴을 몇 번 할퀸 적이 있었다. 남편이 어머니에게 아기가 할퀸 거라며 엄살을 부렸다. 그랬더니 어머니 왈 "영광인 줄 알아라, 얘! 누가 너 좋다고 얼굴을 할퀴어주겠냐?"라고 하셨다. 드디어 어머니는 아들이 안중에 없으신 거다. 그 얘기를 우리가 대화하는 중에 듣고는 꼬맹이가 바로 응용해서 써먹고 있다.

'영광이로소이다, 나와 결혼해줘서'라고 아내에게 얘기해보라 저녁에 대접이 달라질 것이다. 자신이 왕비인 줄 알고 착각한다고? 그렇다면 왕비와 같이 사는 당신은 누구인가?

승강기를 타면 항상 내가 먼저 타고 남편이 탄다. 승강기 문도 내가 항상 닫는다. 어느 날 뒤로 돌아보니 남편은 뒷짐을 지고 승강기 뒤에 점잖게 서 있다. 마치 드라마에서 갑작스레 회사를 방문한 대기업 2세와 수행비서 같은 분위기였다. 그래서 내가 '도련님이에요?' 그랬더니 고개를 끄떡인다. 어릴 때 외할머니 댁에 가면 자기가 도련님으로 불렸단다. 그 뒤로도 동작이 느린 남편은 항상 늦게 승강기를 타고 성질이 급한 내가 항상 문을 닫는다. 그래도 도련님이랑 사니 희망은 있다. 도련님이 잘 크면 부잣집 마나님이 될 테니까. 본인이 긍정적이고 자신만만하면 다른 사람들도 그렇게 받아들인다. 다들 그 사람은 뭔가가 특별한 것이 있다고 생각한다. 나도 남편의 이런 행동을 보면 '정말로 도련님이 아닐까' 하는 생각이 아직도 드니 말이다.

가정을 잘 지키고 다스리는 것에 대한 두 가지 훈계의 말이 있다.

첫째, 너그럽고 따듯한 마음으로 집안을 다스리지 않으면 안 된다. 그리고 정이 골고루 미치면 아무도 불평하지 않는다. 둘째, 낭비를 삼가고 절약해야 한다. 절약하면 식구마다 아쉬움이 없다.

–『채근담』

서로를 너그럽고 따뜻하게 바라봐준다면 단점도 봐줄 만하고 혼자 좀 잘난 체해도 웃어넘길 수 있다. 우리 꼬맹이가 얼토당토않은 말을 해도 웃어넘기듯 한 번만 너그럽게 봐주면 웃음으로 넘길 수 있는 일들이다. 그래서 부부싸움은 칼로 물 베기란 말이 나오지 않았나 싶다. 부부싸움이 별것이 아니라는 뜻이라기보다 이치에 맞지 않는 싸움을 한다는 뜻이리라. 물을 벨 것이라고 칼을 들고 설쳐봐야 우스운 꼴만 되니 말이다. 좋은 점은 예쁘다 북돋워주고 단점도 웃어넘겨주는 아량을 가진다면 칼로 물 베는 어리석은 일은 없을 것이다.

상대방을 어여쁘게 봐주려는 마음으로 결혼생활을 시작하자. 인간은

제 아무리 잘난 체를 해도 부족한 구석이 있다. 그러니 좀 더 잘난 내가 아량으로 베풀어준다는 생각으로 바라봐주자. 모든 것이 그 사람의 장점으로 보일 것이다.

02

부모로부터 독립하라

시댁 부모님 식구들은 시월드, 처가댁 부모님은 처월드.
롯데월드는 좋아하지만 이 두 월드는… 글쎄요?

시월드란 말은 익숙하다. 결혼한 부부의 갈등의 한 요인이 된다. 그런데 요즘은 처월드도 만만치 않다. 결혼한 남자도 처가의 장모님이나 식구들 때문에 꽤나 스트레스를 받는 듯하다. 결혼을 하여 각자의 부모로부터 독립하여 새로운 가정을 이루었다. 따지고 보면 남의 가정이라고 생각하면 그렇다고도 할 수 있는 사위 며느리 가정에 무슨 일이기에 사사건건 부딪히는 걸까?

나는 일찍 독립을 했다. 어릴 적에는 말 잘 듣는 딸이었다. 그러나 독립하고부터는 부모님의 의견을 별로 구한 적이 없다. 한마디로 말을 거의 들을 일이 없었다. 직장을 구할 때도 혼자 결정했다. 개업을 할 때도 내가 모은 돈과 대출로 개업을 했다. 결혼도 혼자 결정하고 부모님께 사윗감을 데리고 나중에 인사드리러 갔다. 그래도 결혼은 딸의 인생이 걸린 문제라고 생각하셨는지 어머니는 절에 들어가서 불공을 드렸다. 그리고 큰스님께 두 사람의 궁합을 여쭤보려 하셨나 보다. 그런데 스님한테 한소리 들었다고 했다. 결혼하기로 이미 결정한 듯한데 궁합을 봐서 뭐하려고 그러냐고 나무라셨단다. 다 큰 성인이 둘이 잘 살 만하다고 생각되어 결정한 일인데, 궁합이 나쁘다면 결혼 못 하게 말릴 거냐는 뜻이었을 것이다. 늦은 나이에 신랑감도 보여주지 않고 결혼하겠다고 날까지 잡으라고 하니 어머니도 걱정할만하다. 그런들 어쩌랴. 나머지는 본인들이 알아서 책임져야지.

부모로부터 일찍 독립을 하면 자연스럽게 부모님의 간섭으로부터 멀어지게 된다. 또한 어떤 일이든 스스로 결정하는 데 익숙해지게 된다. 그러니 부모님의 의견을 구하는 일이 드물어지고 의존하는 일도 적어진다. 이런 태도가 결혼으로 자연스럽게 연결되는 것이다. 그러면 부모님은 자식이 결혼을 한다고 갑자기 이래라 저래라 간섭하는 것도 적절하지 못함을 인지하게 된다. 혼자서도 잘 해왔으니 둘이서 잘 알아서 하려니 하시고 안심하실 수 있다.

아들을 늦게 장가를 보낸 우리 시어머니는 공부를 너무 많이 하신 듯했다. 주변에 자식들을 일찍 시집 장가를 보낸 친구분들로부터 며느리 공부 과외를 받으신 듯했다. 아들 보고 싶다고 집에 불쑥 불쑥 찾아가면 안 된다, 며느리가 싫어한다, 집으로 자꾸 불러 들이지마라, 그러면 서로 싸운다, 반찬 해다 나르지 마라, 갖다 버리는 며느리도 있다, 명절이라고 일도 시키지 마라, 남편 괴롭힌다, 애 안 생긴다고 재촉하지 마라, 스트레스 받으면 더 안 생긴다 등등. 은근슬쩍 이런저런 얘기들을 하신다. 그러던 중 우리가 시댁을 찾아간 날, 어머니가 "네가 잘 먹는 것 같으니 반찬 조금이라도 가지고 가려냐"고 하셨다. 나도 반찬거리가 없어 아쉬웠던 차에 얼른 가져간다고 했더니 너무 기뻐하셨다. 그리고 나는 그 뒤로 어머니 친구 분들 사이에서 착한 며느리로 인정받게 되었다. 어머니가 침이 마르도록 자랑을 하신 것이다. 우리 며느리는 당신이 해주신 반찬 잘 먹고 좋아한다고 자랑을 하신 것이다. 그리고 한참 동안 시댁에 가기만 하면 어머니는 도토리묵을 해주셨다. 통이 크신 어머니는 뭐든 하시면 작게는 안 하신다. 남편이 그만하셔도 된다고 할 때까지 계속 해주셨다.

요즘 부모님들도 옛날 같지 않다. 그분들도 이렇게 사위 며느리에 대해서 우리처럼 공부하신다. 그리고 그분들도 사위 며느리 눈치보고, 때론 스트레스 받고 하신다. 입장 바꿔 생각해보라. 내가 키운 자녀가 나중에 결혼해서 산다면 어떤 마음이 들 것인지. 드라마 보고 시월드, 처월드 하지 말자. 그리고 보내주신 예쁜 딸 많이 예뻐해주고, 멋진 아들 잘 돌봐주고 있다고 믿음을 드리면 된다.

효도도 공평해야 한다. 잘하려면 똑같이 잘해드리고 그럴 자신 없으면 똑같이 할 수 있을 만큼만 하면 된다. 나는 친정이 부산이다. 동생이 근처 산다는 핑계도 있지만 원래 좀 무심한 편이다. 어머니께 자주 전화도 안 할 뿐더러 살갑게도 못 한다. 친정에도 그러니 남편이 자연 시댁에도 자주 찾아가거나 전화하라고 하지 않는다. 그래서 요즘에는 남편이 나더러 일러준다. 미리 생신 축하는 해드렸지만, 원래 생일날은 오늘이니 문자라도 드리라고 한다. 그러면 자주 잊어버리는 나는 얼른 축하 문자를 보낸다. 친정에는 남편이 전화를 더 자주 드리는 듯하다. 사실이든 아니든 나는 그렇게 믿고 있다. 이제는 동생도 남편한테 먼저 연락한다. 마음이 아프지만 어쩌겠는가? 다 잘할 자신이 없는 것을.

효자나 효녀치고 나쁜 사람은 없다. 부모님께 잘하는데 다른 사람들에게도 당연히 잘할 것이다. 그러나 문제는 결혼을 하고 나면 무슨 이유에서인지는 몰라도 유난히 안 하던 효자 효녀 노릇까지 하려 한다. 하던 대로만 하면 된다. 항상 안 하던 거 억지로 하려 하면 문제가 생기는 것이다. 어른들 말씀이 자식은 3~4살까지 자기가 할 효도를 다한다고 하지 않던가. 나도 아기를 낳고 키워보니 4~5살까지, 아니 그 후로 한참까지도 그 재롱과 귀여운 모습으로 마음이 든든하고 생각만 해도 기쁘다. 정말로 효도를 다하고 있는 듯하다. 그러니 부모님에 대한 부담은 더 이상 갖지 말고 새로 꾸린 가정에 집중하는 것이 진정한 효도라고 본다.

남편은 술을 좋아한다. 아버지가 술을 안 드셨다고 했다. 가끔 친구들 중에 아버지와 소주 한잔 하면서 두런두런 얘기 나누는 모습을 보면 부러웠다고 했다. 술 한잔 안 드시고 규칙적인 생활을 하시는 아버지가 답답하고 풍류를 모른다고 생각했던 것 같다. 그래서인지 남편은 술을 많이 마시는 것을 자랑삼는 경우가 많다. 어느 날은 출근 시간이 다 되어 가는데 침대에 누워 일어나지 않으려 했다. 어서 갈 준비 안 하고 뭐하냐고 했더니 좀 늦어도 괜찮다고 하는 것이다. 환자와의 약속이니 늦지 않게 해야 하니 서둘러 준비시키고 다음부터는 이런 일이 없도록 하라고 주의를 주었다. 그랬더니 어머니는 그런 소리 한 번도 안 하셨단다. 그럼 자주 이런 식으로 늦게 출근했냐고 다그치니 그런 거 아니라며 얼버무렸다. 남편이 가끔 어머니 얘기를 한다. 국을 꼭 팔팔 끓여주신다, 한 번 먹은 반찬은 두 번은 잘 안 올리신다 등등. 애교스럽게 말하기도 하니 웬만하면 들어주려고 애쓴다. 어느 날은 한술 더 떠서 와이셔츠뿐만 아니라

팬티까지 다리미로 다려주셨다고 했다. 그래서 내가 “나는 모든 일을 칭찬만 하시던 당신의 어머니가 아니고 아내요. 그러니 가끔은 당신을 혼낼 수도 있다는 것을 아시오~”라고 이야기했다.

이렇게 부모님의 모습에 익숙해져 자기도 모르게 그 부모님 상에 집착하는 경우가 종종 있다. 열심히 일하시는 아버지, 모든 일에 희생적인 어머니의 모습을 자기나 배우자에게 적용하는 것이다. 그러나 이미 시대는 그때가 아니므로 갈등이 생길 수밖에 없다. 또 부모님의 결혼생활이 행복해 보였다고 해서 자기도 결혼만 하면 같을 것이라고 생각하면 오산일 수도 있다. 또 부모의 부정적인 모습들, 싸우고 분노하거나 술로 문제를 일으키거나 하는 모습들을 자기도 모르게 따라가고 있는 경우도 있다. 이런 경우는 미리 대화를 통해 서로 알고 있어야 한다. 간혹 부모님처럼은 안 살 거라고 얘기하며 결혼을 비관적으로 생각하는 경우도 있다. 이는 섣부른 생각이다. 걱정하지 마라. 부모님과 나는 다른 환경에서 자랐고 다른 교육을 받았다. 그리고 보고 듣는 것도 달랐다. 더욱이 시대가 달라졌다. 부모님과 나는 다른 사람이다. 그리고 독립을 일찍 하는 경우, 부모님에 동화되는 일이 적어지고 스스로 자신의 배우자 상과 결혼생활을 정립할 수 있다

우리나라는 부모 자식 간의 관계가 유난히 끈끈하다. 부모님의 의견을

많이 따르다 보니 자기 주도적인 생활이 안 되고 독립까지 늦어지게 된다. 때로 졸업을 하고 취직을 하였음에도 불구하고 독립을 하지 않고 부모님에 의존하여 지내기도 한다. 이런 관계가 결혼한 후에도 이어져 시월드, 처월드라는 문제를 일으키는 한 요인이 되기도 한다.

대부분의 나라에서는 보통 20세 전후에 성년식을 하고 독립을 한다. 그런데 유대사회는 13세에 성년식을 한다고 한다. 이는 빨리 독립심을 키워주기 위함이다. 13세면 우리나라로 치면 중학교에 들어갈 무렵이다. 이 나이부터 스스로가 결정을 하고 행동하게 되는 것이다. 요즘 우리나라는 중2병이라는 말이 나올 정도로 사춘기의 갈등이 심하다. 그렇다고 지나치게 간섭하거나 무조건 방관만 할 수도 없다. 적절한 원칙하에 스스로 결정할 수 있는 기회를 준다면 사춘기로 인한 부모와의 갈등도 덜하지 않을까 생각한다.

나의 작은아버지 댁은 일찍 미국으로 이민을 가셨다. 자식들은 중학교부터 기숙사 생활을 하여 고등학교를 졸업하고 바로 독립을 하였다고 한다. 대학도 전공 과목도 모두 스스로가 결정했다고 했다. 직업을 구한 것도 전화로 연락을 받아서 알게 되었다고 한다. 한국과 비교하면 너무도 생소한 일이다. 실제로 두 분은 외롭고 적적해서 한국으로 다시 들어오려고 하셨다. 그래서 아버지를 뵈러 와서 집 지을 땅도 알아보고 하셨다고 한다. 그러나 그것도 여의치 않았던지 그냥 미국으로 돌아가셨고 오래 뒤에 들은 얘기로는 두 분이 오히려 사이좋게 지내신다고 하셨다. 처음에는 숙모님이 타향살이로 인한 외로움인지 자식과 너무 일찍 떨어진 아쉬움 때문인지 우울증이 생겼다고 했다. 그러나 두 분 사이가 다시 돈독해지면서 이런 외로움도 이겨내신 듯했다. 역시나 자식 다 필요 없다는 말이 맞나 보다. 부부끼리 잘 지내야 한다.

부모님의 품에서 언젠가 떠나야 한다면 빨리 독립하는 게 옳다고 본다. 언제까지나 독립을 준비만 하고 있을 수도 없는 노릇 아닌가. 부모님 걱정은 할 필요가 없다. 자식이 안 보이면 더 알콩달콩 잘 지내실 것이다.

03

경제적으로 독립하라

투자의 귀재, 워렌 버핏은 어떻게 탄생하였을까? 경제적으로 일찍 독립했기 때문이다. 워렌버핏의 아버지는 일찍부터 경제 교육을 시키기 위해 워렌 버핏에게 경제 관련 서적을 많이 읽게 했다고 한다. 이것은 자연스럽게 워렌 버핏이 일찍 경제에 눈을 뜨게 하고 경제적 자립을 하게 만들었던 것이다.

현실적으로 돈은 행복과 직결된다. 그러므로 돈에 대해 무관심할 수는 없다. 돈은 우리를 편리하게 해주는 수단이기도 하다. 그러므로 경제적 독립을 하려고 노력해야 한다. 자신이 경제의 주체가 되면 근검절약하게 된다. 필요한 것만 사고 저축하는 습관도 들게 된다. 자신이 힘들여 번 돈이기 때문에 쉽게 쓸 수가 없다. 그리고 부모님께 용돈도 드리면서 효도도 할 수 있다. 부모님의 재산에는 눈독 들이지 말자. 어른들이 말씀하시길 부모 돈으로 사업한 사람치고 성공한 사람 못 봤다고 하셨다. 나중에 부모님이 재산을 물려주신다면 덤으로 생각하자.

우리는 돈이 없이 결혼했다. 그래서 월세로 시작했고 예단이나 예물을 서로 주고받지 않았고 예식도 아주 저렴하게 했다. 요즘 집값이 비싸고 전세도 마찬가지다. 그래서 집 문제로 부모님과 트러블이 많다. 그래도 집 얻고 잔소리 듣는 것보다 맘 편하게 사는 것이 낫다고 생각된다. 그리고 작은 집에서 시작해서 집을 조금씩 키워가는 것도 사는 목표요 재미일 수 있다. 비록 전세라 해도 말이다.

그렇다면 경제적인 독립을 위해 어떻게 준비를 해야 할까. 보통은 6개월에서 1년 정도의 기간을 두고 독립 자금을 모으는 것을 추천한다. 일단 준비가 되어 독립을 하게 되면 더 이상은 부모님으로부터 경제적인 지원을 받지 않겠다고 결심하고 노력해야 한다. 그래야 진정한 경제적 독립을 이룰 수 있다. 유대인의 경우 성년식에 축하객으로부터 받은 돈을 예금해 두었다가 독립을 할 무렵에 지급을 한다고 한다. 그러면 당장 돈을 벌어야 한다는 중압감이 없으므로 자유롭게 자신의 진로를 모색할 수 있는 여유를 벌게 되는 것이다. 이렇듯 경제적인 독립도 하루아침에 이루어지는 것은 아니다. 미리 차근차근 준비하는 과정이 필요하다.

현재 우리는 전공자 외에는 학교에서 경제 원칙이나 투자 원칙에 대해 배우지 않는다. 그러니 경제 공부는 스스로 할 수밖에 없다. 그리고 경제 공부는 반드시 필요하다. 부자들은 더 많이 경제에 대해 공부한다. 부동산, 주식 투자, 펀드, 자산 관리, 자산 분배 등에 대해 항상 주의를 기울이고 자문을 하기도 한다. 지금부터라도 경제 관련 공부를 해야 한다. 나는 경제적으로 일찍 독립은 했지만 경제에 대한 지식이 없었다. 공부할 생각을 안 했던 것이다. 전공 공부만 하면 다 되는 줄 알았다. 남편도 마찬가지였던 것 같다. 그래서 나이 40에 결혼했음에도 둘 다 빈털털이나 다름없었다. 첫째, 부자들이 다하는 근검절약과 저축을 안 했다. 둘째, 잘 알지도 못하는 곳에 투자해서 수익을 거의 내지 못했다. 이런 둘이 결혼을 했으니 뻔할 뻔 자였다. 남편은 결혼 전에 작전주에 5천만 원 투자했다가 결혼할 무렵 200만 원 정도 남은 것을 나에게 선물로 주겠다고 했다. 내가 됐다고 했더니 조금 있다 그 주식은 상장 폐지되었다. 우리는 결혼을 한 후 처음으로 둘이서 집에 투자를 해보려고 했다. 그리고 아는 분이 사라고 해서 재개발 딱지를 비싸게 샀다. 그러나 그 빌라는 아직도 비 새고 물 새고 처음 매입할 때 그대로의 모습으로 우리를 괴롭히고 있다. 지하상가도 하나 샀는데 부동산 투자에서 절대로 하지 말아야 하는 짓을 한 것이다. 1층 아래로는 웬만하면 사지 않는 것이 부동산에서는 불문율처럼 되어 있었는데 우리 둘은 몰랐던 것이다. 지금은 예전의 굿모닝시티보다 못한 상태다. 그러니 경제적으로 독립만 할 것이 아니라 반드시 경제에 대해 공부도 해야 한다. 우리가 둘이서 벌은 돈은 거의 잘못된 투자로 날린 것이다. 그래서 우리 둘은 머리 맞대고 고민한 끝에 투자에 대해 내린 결론이 있다. 아무것에도 투자하지 말자고 결론을 냈다. 차라리 통장에 그대로 두거나 자신들을 위해 투자하자고 결정한 것이다. 그러면서 또 쇼핑 목록을 막 정한다. 정말, 이런 바~보들이 또 있을까 싶다.

우리처럼 실패할 수 있다. 자수성가한 부자들도 적지 않은 사람들이 사업에 실패를 경험했다고 하는 통계가 있다. 하지만 이들은 이런 실패나 고난을 이겨내는 방법을 경험을 통해 스스로 터득했기에 또 다른 성공을 이루어낸 것이다. 실패가 두려워 경제적 독립을 미루거나 투자에 대한 너무 소극적일 필요는 없다.

'no risk, no gain.'이라는 말이 있다. 우리처럼 'no study, no gain' 하지만 않으면 된다.

그리고 밑 빠진 독에 물 붓기라고 아무리 돈을 벌어도 자꾸 써버리면 소용이 없다. 저축하는 습관을 들이는 것도 경제 원칙에 들어간다. 소비는 내성이 생기고 시간이 지나면 중독이 된다. 천 원짜리 커피 마시다가 4천 원 하는 커피를 처음 마시면 엄청 비싸게 여겨진다. 그러나 몇 번 마시다 보면 괜찮다고 생각되면서 '7천 원짜리는 어떤 맛일까?' 하고 생각하게 된다. 그 맛이 그 맛인데. 기분 전환 한다고 쇼핑하러 가다 보면 별 핑계를 다 대어가며 기분 전환하러 백화점에 가게 된다. 콩나물이 똑바르지 않아 기분 나쁘다며 장바구니 들고 쇼핑하러 나서야 하는 것이다. 적절한 소비를 위해 저축을 하고 예산을 세워 필요한 곳에만 쓰기만 해도 경제 개념이 확실하다고 볼 수 있다.

나의 부모님은 사소한 이야기로 대화를 시작하셨다. 처음엔 하하호호 하시기도 하다가 끝에는 꼭 돈 문제로 싸우셨다. 돈이 원수다. 그러니 돈은 우리의 행복한 결혼생활을 위해 꼭 필요하다. 그러니 경제 공부를 하고 경제 습관은 일찍부터 시작하는 것이 좋다. 이는 또한 결혼 후 자녀에게도 자연스럽게 몸에 배게 된다.

최근의 가정은 경영 주체도 많이 바뀌었다. 맞벌이 하는 경우도 많고 여성이 경제 주체인 경우도 많다. 그러므로 부부가 가정의 공동 경영자인 것이다. 결혼하기 전 아버지가 "능력이 되면 네가 먹여 살리면 되지." 라고 하셨을 때 섭섭한 마음이 많이 들었었다. 그러나 요즘 여성들의 생각은 그렇지가 않다. 스스로가 성공해서 잘 살 수 있다고 생각하는 여성들도 많고 실제로 그런 경우가 증가하고 있다.

그렇다면 가정에서 경제권은 누가 가지는 것이 좋을까? 요즘은 경제주체가 특정한 사람에게 한정되지는 않는다. 그러니 성향이 안정적이고 투자나 소비에 신중한 사람이 가지는 것이 올바르다고 본다. 우리 집은 남편이 그런 성향이다. 또한 인맥이 풍부하므로 지인 득템도 가능하다. 나는 소비 성향이 충동적이고 많이 쓰려는 습관이 있다. 그리고 보는 물건마다 다 좋아 보인다. 게다가 귀까지 얇아 남의 말만 믿고 투자하는 경향이 있다. 이런 성향을 잘 파악하여 경제권을 정하고 서로 잘 의논하면 된다. 근거 없이 서로 경제권을 쥐려고 다툴 필요가 없다.

다음은 부자의 대명사 '로스차일드 가문'의 경제 교육 원칙이다.

성공한 사람처럼 행동하라. 그러면 나도 모르는 사이에 성공한다.
안 되는 것을 남 탓으로 돌리지 마라. 그것은 노예가 되는 지름길이다.
정보가 곧 돈이다. 정보의 안테나를 높이 세워라.
인맥이 힘이다. 인맥 네트워크를 형성하라.
남을 위하라. 그래야 남도 나를 위한다.
위기가 기회다. 불황에서 돈 벌 확률이 평상시보다 10배는 높다.

팀워크처럼 중요한 것도 없다. 조직의 단결에 최선을 다하라.

교육비에 과감히 투자하라.

성공한 사람과 교분을 가져라. 놀라운 힘이 공유된다.

길이 아니면 가지 마라.

돈은 우리에게 유용한 수단이다. 현실적으로 행복은 경제적인 능력과도 비례한다.

잘 참고하여 경제적인 독립도 이루고 부를 함께 이루어가는 성공적인 결혼생활을 하도록 해보자.

04

가사일도 배워야 한다

"은영아, 은영아, 좀 나와봐라."

나는 집안일을 이렇게 배웠어요. 그래서 힘쓰는 일은 잘해요. 설거지, 글쎄요. 요리, 할 줄 몰라요. 장롱 옮기는 일은 할 수 있어요. 화나면 쇠창살도 뚫고 나올 수 있을 거 같은데…

어릴 적 아버지가 건강이 좋아지고 나서는 직업을 구할 수가 없었다. 여기저기 이력서를 쓰는 모습을 봤지만 오래 다니지는 못하셨다. 어머니는 동네 품앗이가 있으면 가서 일해주고 먹을거리를 받아오셨다. 어떤 때는 자잘한 물건들을 떼어와서 팔기도 하였다. 그 동네에는 다수의 가구가 젖소를 키웠다. 굳이 업종을 말한다면 낙농업이다. 우리 집도 어머니 권유로 젖소를 키우기 시작했다. 내가 고등학교 갈 무렵이다. 새벽에 정신없이 자고 있으면 잠결에 나의 이름을 부르는 소리가 들린다. 정신을 차리고 외양간으로 가보면 송아지가 나오는 중이다. 송아지 발목에 줄을 걸어 나오기 쉽게 당겨서 도와줘야 한다. 두 분이 애를 쓰다 안 되면 나를 부르신다. 송아지 출산에는 반드시 내가 있어야 했고 특히 난산일 경우, 더욱 내가 필요했다. 물론 나는 지금도 힘쓰는 데에는 자신 있다. 그 당시에도 힘이 세었나 보다. 그래도 이제 막 중학교 졸업한 여학생인 나의 힘이 그렇게나 필요했을까?

유대인들은 여러 가지 이유로 오랜 기간 동안 박해를 받아온 민족이다. 그래서 언제 어디로 떠나야 할지 알 수가 없어 항상 이에 대한 대비를 해야 했다. 살던 곳을 떠나 낯선 곳에 가서 정착하려면 허드렛일이라도 해야 했다. 그래서 어릴 때부터 사소한 것부터 시작해서 나이에 맞게 집안일을 가르쳤다고 한다. 설거지나 청소, 빨래 등에 익숙하면 그 능력으로 어디서든 급한 대로 일자리를 구할 수 있다는 조상 대대로의 경험에서였다. 요즘은 집안일을 배우면서 아이들이 나름 배울 점이 있다고 하여 집안일을 체계적으로 가르치기도 한다. 그러나 집안일은 생존에 관련이 있기 때문에 생활력이 생긴다. 아무리 힘든 환경에서도 적응해나갈 수 있게 하는 힘을 주는 것이다.

나도 집안일을 많이 하면서 컸다. 그러나 가사와 관련된 일이 아니고 주로 힘쓰는 일이었다. 가축을 키웠기 때문에 외양간의 소똥을 주기적으로 치워야 했다. 성인이 드는 커다란 삽을 써야 했고 소똥은 한 덩어리라도 무게가 만만치 않다. 소가 먹을 풀과 사료를 나르는 것도 도와야 했다. 사료의 무게도 최소 20kg이다. 거기다 소의 출산까지 도와야 했다. 그래서인지 요즘도 힘쓰는 일을 잘한다. 남편은 나의 괴력을 보고 깜짝 놀란다. 세월이 지나고 어머니께 왜 그렇게 매번 나를 불렀냐고 했더니 내가 손을 보태면 송아지가 무사히 잘 나와서 그랬다고 하셨다.

"나는 노동에서 가장 큰 행복을 발견했다. 나는 어린 시절에 근면한 습관을 몸에 익혔다. 그리고 습관에 대한 보답을 받은 것이다."라고 영국의 총리 윌리엄 이워트 글래드스턴은 말했다. 많은 여성 CEO들이 가사일에서 아이디어를 얻어 성공한 경우가 많다. 어떤 일이든 열심히 일하고 정성을 기울이면 거기서 또 다른 성공의 기회를 얻는다. 가사일의 거의 대부분이 우리 실생활에서 없어서는 안 되는 부분들과 연결되어 있다. 적어도 실패할 일이 없는 아이템을 발견할 수도 있다. 최근에는 또 가사노동 의미가 재조명되면서 어릴 적부터 가사노동의 중요성을 일깨주려는 부모들도 많다. 그 근거는 다음과 같다. 부모님의 일을 도와줌으로써 성취감을 느낄 수 있다. 그리고 자기일은 스스로 할 수 있게 되면서 자립심을 키울 수 있다. 가족이 힘을 합쳐 집안일을 하다 보면 협동심도 배우게 된다. 그리고 이런 일들이 힘들다는 것과 부모님의 희생으로 가능하다는 것을 깨닫게 된다. 이는 또한 남을 위한 배려심과 희생정신으로 이어지게 되는 것이다. 그러나 나는 중고등학교 때 가사는 점수가 제일 낮았다. 거의 빵점에 가까웠다. 어머니가 가사일을 거의 시키지 않으셨기 때문이다. 대신 아버지가 하시는 일을 유심히 보면서 컸다. 그래서 못질도 잘하고 전구도 잘 간다. 자잘한 기계들도 분해해서 수리도 곧잘 해서 요즘도 남편의 도움 없이 웬만한 집안일은 내가 알아서 한다. 흔들거리는 의자 드라이버로 조여놓기, 전기 나가면 두꺼비집 확인하기, 장난감 조립해주기 등등은 내가 한다.

어차피 해야 될 일이면 능숙해지도록 해야 한다. 그러면 일도 빨리 끝나고 점점 쉬워진다. 그리고 이왕이면 긍정적인 마음으로 하면 더 즐거워진다. 요즘 나는 열심히 요리를 배우고 있다. 코로나로 친구들을 못 만나는 남편의 술상을 준비하느라 바쁘다. 실은 요리를 하는 가장 중요한 이유는 따로 있다. 꼬맹이가 태어나고 보니 나중에 결혼해서 사윗감을 데리고 올 수도 있을 텐데 하는 생각이 들었다. 그런데 나는 할 줄 아는 요리가 별로 없었다. 그래서 음식을 열심히 해보고 있다. 다만, 식기세척기는 좀 있으면 좋겠다. 설거지가 장난이 아니다. 시댁 가서 요리 솜씨는 발휘할 필요가 없다. 내가 요리는 못한다는 것을 어머니는 애초에 알고 계셨다. 그래서 명절 때 어머니가 전부치기와 송편 만들기를 할 때 우리 집 꼬맹이가 도와드린다. 어머니가 야무지게 잘한다고 침이 마르도록 칭찬하시며 기뻐하신다. 그래도 정 바쁘면 가사일도 스마트 컷 하면 된다. 가사도우미의 도움을 받으면 시어머니도 좋아하신다. 최소한 아들 설거지는 안 시킬 테니까.

가정은 나의 대지이다. 나는 거기서 나의 정신적인 영양을 섭취하고 있다.

– 펄 벅

로마의 속담에 음식과 술이 없으면 사랑이 식는다는 말이 있다. 데메테르는 농경과 곡물의 여신이고, 디오니소스는 술의 신이다. 아프로디테는 사랑의 신이다. 자연의 풍요로움이 없이 사랑도 의미가 없다는 뜻이다. 그만큼 가정에서 먹는 일이 차지하는 비중이 크다는 뜻이리라. 이는 또한 근사한 요리솜씨는 시들해진 사랑도 붙잡아올 수 있다는 뜻이다. 힘들게 일하고 들어온 배우자를 위해 맛있는 음식을 차려주면 그것만큼 행복한 일이 또 있을까? 남편의 노동과 노고에 대해서 고맙게 생각해야 한다. 반면 데메테르가 사랑하는 딸을 찾지 못해 실망하고 분노했을 때 어떠했을까? 농부와 가축을 죽음으로 내몰고 나무와 씨가 말라붙고 과

일도 곡식도 열리지 않아 세상은 황폐해졌다. 아내의 노력과 노고도 고맙게 생각하며 실망하지 않게 맛있게 먹어야 한다.

가사는 예술만큼 시간과 노력을 필요로 한다.

– 로댕

정말로 가사 일은 끝도 없고 대충해서도 안 된다. 반면 예술에 버금가는 창조적인 일이다. 집 안을 정갈하고 분위기 있게 꾸미고 맛있는 음식을 요리해내고 빨래, 설거지 등이 보이지 않게 청소하고 정리하여 가정이 안락하고 평화로울 때 우리는 얼마나 큰 행복을 느끼는가. 어떤 훌륭한 예술작품이 안락한 가정이 주는 만큼의 풍요로움과 만족을 주겠는가. 가사일을 돈으로 계산하여 가치를 측정하기도 한다. 그러나 뛰어난 예술작품은 그 가치를 따지기도 힘들다. 가정의 평안에 가장 큰 자리를 차지하는 가사 일이 그만한 가치가 되지 못할까. 돈도 중요하다. 가사일에 대해 일정한 경제적 가치로 환산해서 지급해줄 필요는 충분하다. 그러나 무엇보다도 중요한 것은 그 가사일을 하는 가족의 헌신과 희생에 대한 가치는 단순히 물질적으로 측정하기 어렵다. 그 마음을 헤아리고 알아주는 것이 더 큰 의미를 주는 것이다. 남녀 할 것 없이 가사일도 배워야 한다. 그만큼 중요한 일인 것이다.

05

감정조절법을 익혀라

기쁨, 슬픔, 버럭, 까칠, 소심. 애니메이션 〈인사이드아웃〉에 나오는 다섯 주인공들이다. 이들은 인간의 머릿속에 있는 감정 컨트롤 본부에서 쉴 새 없이 일한다. 그리고 이렇게 애기한다. “괜찮아, 다 잘될 거야!! 우리가 행복하게 만들어줄게.” 나의 감정 컨트롤 타워에서는 누가 주로 일을 하고 있을까? 버럭, 소심, 기쁨?

감정이란 어떤 현상이나 사건을 접했을 때 마음에서 일어나는 느낌을 말한다. 본능적이기는 하나 내 마음에서 일어나는 것이니 의지로 조절할 수 있다. 그러려면 자신의 감정을 있는 그대로 받아들이고 인식할 수 있어야 한다. 그리고 감정을 조절하고 적절히 표현하는 방법도 알고 있어야 한다.

감정의 발달 과정을 살펴보면, 생후 3개월부터 쾌와 불쾌한 감정이 나타난다. 5~6개월이 되면 불쾌한 감정이 분노와 혐오로 분화된다. 9개월에는 공포의 감정이 나타난다. 10~12개월에는 쾌의 감정이 의기양양과 애정으로 나뉜다. 18개월경에 불쾌에서 질투가 떨어져 나오고 생후 2년에 기쁨이 생겨난다. 이후에는 수치심이나 죄책감도 생겨난다. 〈인사이드아웃〉이란 애니메이션에서 보듯 우리의 감정은 서로 잘 조화되어야 하며 컨트롤도 가능해 보인다. 감정도 훈련에 의해서 조절될 수 있는 것이다.

감정의 발달 과정을 보면 불쾌한 감정에서 분노의 감정이 가장 먼저 나타난다. 분노가 가장 원시적인 감정에 해당된다. 그래서 분노는 그만큼 조절이 잘 안 되면서 또한 잘 달래주어야 하는 감정일 수 있다. 감정을 자제할 필요가 없다고 느끼는 환경에서 작은 자극에도 금방 부정적인 감정을 드러낸 경험이 있을 것이다. 특히 평소에 편하게 대하고 지내던 가족들 앞에서 부정적인 감정을 터트렸을 경우 그 정도가 더 심할 수 있다. 또 자신보다 약하다고 생각되어지는 상대에게 사소한 말에 크게 분노하여 화를 낸 경험이 있다면, 그 뒤 얼마나 자신이 부끄럽고 그들에게 미안한 마음이 들었는지 생각해보라. 대개는 편하고 약한 사람 앞에서 우리는 분노의 감정을 더 크게 표현한다. 그것은 그들이 편하다는 이유로 약하다는 핑계로 감정을 자제할 필요성을 적게 느끼기 때문이다. 그러나 감정은 자제할 수 있다. 회사에서 상사에게 엄청나게 기분 나쁜 소리를 들으며 혼이 날 때 우리가 어떻게 했나를 생각해보면 알 것이다. 그 앞에서는 냉정함을 유지하려고 노력한다. 그리고 그냥 참는다.

우리 부부는 내가 주로 화를 잘 내는 편이다. 남편은 내가 불만 섞인 말을 하면 그냥 듣고 있는다. 그리고 내 말이 다 끝난 듯하면 그 문제는 다음에 다시 이야기하자고 한다. 처음에는 '이건 뭐지? 나만 화를 내고 있잖아.' 하고 당황했다. 그리고 나서 조금 지나면 약간 부끄러운 생각이 들었다. 나중에 남편에게 물어봤다. 어떻게 그런 상황에서 그렇게 침착하게 참을 수 있냐고 말이다. 그랬더니 자신도 화가 나기도 한다고 한다. 하지만 그럴 때에는 심호흡을 한 번 하고 열까지 센다고 했다. 그러면 마음이 진정이 된다고 했다. 실은 남편은 분노의 감정이 자주 이는 성격이 아니기는 하다. 그러나 이런 방법은 감정을 조절할 때 특히 분노의 감정이 일 때 많이 도움이 되는 방법이다. 나도 이 방법을 이용해서 요즘은 거의 화를 내는 일이 없어졌다. 어릴 적에 어머니가 그 불같은 성질을 누가 받아줄까 하셨다. 그리고 나는 나의 적수를 제대로 만난 것이다.

감정에 문제가 생겼을 때 해결할 수 있는 자신만의 감정 조절법을 만들어보자. 나의 경우는 화가 나거나 슬프거나 할 때 음악을 크게 듣는다. 집에서는 그럴 수 없으니 주로 차를 타고 가면서 듣는다. 슬플 때 고음의 오페라 가수의 노래를 들으면 눈물이 흐르면서 슬픈 감정이 씻겨 나가는 기분이 든다. 우울할 때는 주로 락 음악이나 신나는 팝을 듣는다. 화가 날 때는 남이 듣든 말든 아주 볼륨을 크게 올리고 메탈 음악을 듣는다. 쾅쾅 울리는 소리가 내 마음이 내는 소리 같아 속이 시원해지면서 화가 풀리는 것이다.

그 외에도 감정을 조절하기 위해 사람들이 추천하는 여러 가지 방법들이 있다. 침착하고 냉정한 나의 남편처럼 심호흡을 하면서 속으로 열까지 세기. 사랑하는 가족들 사진 보기. 예쁜 아내나 아기의 사진을 보면 저절로 기분이 풀리기도 한다.

독서로 감정을 정화하는 사람들도 많다. 여러 방법들 중에 추천할 만한 방법은 글을 써보는 것이다. 생각보다 글은 쉽게 써지지 않는다. 특히 화가 났을 때 튀어나오는 말은 걸러지지 않은 채 바로 나오기 때문에 막말을 하게 되는 경우가 많다. 그러나 글은 생각의 과정을 한번 거쳐야 한다. 그 과정에서 나의 감정을 다시 한 번 되돌아보게 되고 정확하게 표현할 방법을 찾아야 하므로 자신의 감정의 실체를 확인할 수 있게 된다. 그리고 화를 냈던 아내나 남편에게 살짝 나의 감정을 쪽지로 전달도 할 수 있으면 금상첨화일 것이다. 우리 남편 아내가 '이렇게 글 솜씨가 좋았나? 글씨체가 참 귀엽군.' 할 것이다. 그리고 주의해야 할 것은 분노의 감정을 엉뚱한 곳에 풀면 안 된다. 부부간의 일을 자녀에게 푼다든지 회사의 일을 가족에게 풀어서는 안 된다. 우리는 해리포터의 하울러(분노의 말이 담긴 주머니)를 날라다 주는 부엉이가 아니다.

감정은 또한 상대적인 것이므로 잘 조화를 이루어야 한다. 감정은 상대방에게 전달되는 것이다. 그렇다고 상대방의 감정을 고려하지 않은 채 자신의 감정만 지나치게 표현해서는 안 된다. 눈치 없이 자기의 기쁜 감정을 주체하지 못해 상대방의 기분을 오히려 나쁘게 만든 경험이 있을 것이다. 초상집에서 춤춘다는 속담이 있다. 상대방의 감정을 고려하지 않고 유쾌한 감정을 과하게 표현했을 때는 오히려 역효과를 낼 수 있다. 아내는 기분이 좋지 않은데 남편은 실없는 농담이나 하고 있다면 불난 집에 부채질을 하는 꼴이 아니고 뭐겠는가.

감정은 서로 교류할 수 있다. 긍정적이고 유쾌한 사람과 어울리다 보면 자신도 같이 그런 사람이 된 것 같은 경험이 있을 것이다. 내가 수련을 받을 때 은사님 이야기이다. 평소에는 말소리도 적고 조용하신 분이다. 그런데 회식 자리에서는 분위기에 맞게 작은 농담들을 잘 하셨다. 그럴 것 같아 보이지 않았는데 항상 그분이 회식 자리의 분위기를 재미있는 이야기로 화기애애하게 했다. 알고 봤더니 결혼하기 전에는 실제로 수줍음이 많아 사람들 앞에서 말도 잘 꺼내지 못했다는 것이다. 그렇게 유쾌한 사람이 된 것은 남편 덕이라고 했다. 부군 되는 분이 엄청나게 호쾌하고 밝은 성격이라는 것이었다. 가끔 회식에 그분에 오시면 배꼽을 잡고 웃게 해줄 뿐 아니라 회식비까지 다 내고 가신단다. 자신이 나쁜 감정에 자주 매몰 된다면 긍정적인 사람을 만나거나 그들이 어떻게 하는지 살펴보자. 감정은 조절되고 전염도 되고 습관도 될 수 있다.

> 이성이 인간을 만들어낸다고 하면 감정은 인간을 이끌어간다.
>
> – 장 자크 루소

감정은 내가 이끌어가는 것이다. 감정에 끌려가면 뭐다? 소다.

그리고 모든 인간관계에서 가장 중요한 것은 상대방을 바라보는 관점이다. 긍정적인 면을 보려고 노력하고 애정을 가지고 보려 애쓴다면 쓸데없는 감정의 허비를 막을 수 있을 것이다. 누구나 살아가면서 감정적인 문제에 부딪힐 수 있다. 냉정한 성향이 되지 못한다면 감정을 조절하는 법을 익혀야 한다. 자신의 감정을 조절할 수 있는 능력은 원만한 결혼생활을 유지하는 데 중요한 요소이다.

06

감정표현법을 익혀라

얼마 전 친구로부터 지인의 불면증에 관한 얘기를 들었다. 그분은 사업에도 문제가 없고 가정생활도 평탄하였다. 자녀들도 말썽 없이 잘 자라고 있었다. 그런데 심한 불면증에 시달렸다. 견디다 못해 정신과를 방문하였다. 상담을 한 끝에 정신과 선생님의 결론은 자기감정이 너무 억눌려 있었고 그것이 불면증으로 나타났다는 것이다.

그는 기질이 내성적이고 점잖은 사람이었다. 남을 배려하여 하고 싶은 말을 참는 성격이었다. 심지어 가족들에게도 감정을 적절히 표현하지 못하고 지냈던 것이다.

자신의 감정을 특히, 불쾌했던 순간에 제대로 표현하지 못하는 경우가 종종 있다. 상대방의 기분을 상하게 할까 봐 표현을 하지 않는 것이다. 또한 적절한 표현 방법을 찾지 못해서 놓치는 경우도 종종 있다. 그러면 나중에 가서 후회하기도 한다. '그때 이렇게 말했더라면 적절했을 텐데', 아니면 '속이 후련했을 텐데' 하고 말이다. 이렇게 자신의 감정을 자주 숨기는 경우 정신적인 부작용뿐만 아니라 신체적 증상까지 발생하게 만든다. 기분이 우울해지고 불안감, 공황 증상 부정적인 감정들이 생길 수 있다. 신체적으로 소화가 잘 안 되거나 두통이 동반되거나 불면증이 오거나 하여 삶의 질을 떨어뜨릴 수 있다.

우리나라에서는 이런 경우를 화병이라고 한다. 참는 것이 미덕이라고 여겼던 옛날 우리나라 여인들은 하고 싶은 말이 있어도 제대로 표현하지 못했다. 그리고 자신의 감정에 솔직하게 반응하지 못했다.

그래서 적절하게 감정이 표현되지 못해 신체적으로 증상이 나타나는 것이다. 주로 열이 난다, 가슴에 돌덩이가 있는 것 같다, 목에 덩어리가 걸린 것 같다 등의 증상으로 나타난다. 감정에 솔직하지 못해 좋아도 남의 눈을 의식하여 좋다고 할 수 없었다. 하기 싫어도 잘 보여야 하니 참고 해야 했다. 그러나 지금은 그런 시대는 아니다. 자신의 감정을 있는 그대로 받아들이고 적절하게 표현할 수 있어야 한다.

그렇다면 이런 자신의 감정을 잘 표현하고 조절하려면 어떻게 해야 할까. 간단하게 자신이 조절하기 힘든 자기감정을 적어본다. 화를 잘 내는 경우, 어떤 상황에서 화를 잘 내는지, 그러면 그 상황이 정말 화를 낼 만한 상황이었는지에 대해 적어본다. 대개는 화를 내거나 분노를 터트려 버리고 나면 그때는 시원한 듯하다. 그러나 시간이 지날수록 '깨끗하지 못한 느낌은 뭐지?' 하는 생각이 들것이다. 그리고 대부분은 그렇게 화를 낼 필요가 없는 경우가 많다. 정말로 화가 날 만한 일이었다면 그 감정을 적절하게 표현하는 방법을 알고 있어야 한다. 그러나 이 또한 쉽지는 않다. 그러니 자신이 자주 느끼는 감정을 먼저 컨트롤하는 방법을 알아야 하고 마지막으로 감정을 표현하는 방법을 준비하면 된다.

우리는 적이 아니고 친구다. 감정이 상했다고 서로 애정의 유대관계를 끊어서는 안 된다.

– 링컨

상대방에게 불만이 있을 때는 '나'라는 단어를 사용해보라. 예를 들면 "나는 이렇게 생각한다." 또는 "나는 네가 이러이러한 행동을 할 때 기분이 좋지가 않다." 등으로 말이다. 그렇지 않고 '너'라는 단어를 쓰게 되면 상대방이 죄책감이 들게 만들고 그것은 또 다른 불만의 불씨로 남게 된다.

그리고 상대방에게 자신의 감정을 명확하게 표현해야 한다. 이럴 때 전문가들은 다음의 세 가지를 포함시켜 상대방에게 얘기해보라고 권한다.

"나는(나를 사용) 당신이 내 기분 상태를 고려하지 않고 뭔가를 보고 웃을 때(행동)
마치 나를 비웃는 듯해서 (이유)
화가 날 때(감정)가 있어."

이렇게 행동, 이유, 감정 상태를 정확하게 표현한 단어를 넣어 상대방에게 자신의 감정을 정확하게 알려주어야 한다는 것이다. 이런 연습을 하다 보면 자신의 감정 상태도 정확하게 알 수 있을 뿐만 아니라 상대방의 문제가 되는 행동을 기분 나쁘지 않게 정확하게 전달할 수 있는 것이다.

물론 좋은 감정도 마찬가지다. 마음에 드는 이성이나 호감이 가는 친구들에게 자신의 좋은 감정을 드러내 보이고 싶을 때도 있다. 그때 내 감정을 잘 표현했더라면 분위기가 더 좋았을 텐데, 또는 좋은 친구를 사귈 수 있는 기회였는데 하고 아쉬운 마음이 들었던 때가 있었을 것이다. 처음부터 호감 가는 말을 유창하게 하는 사람은 없다. 주변에 말을 기분 좋게 잘하는 사람을 유심히 보면 그 나름의 이유가 있을 것이다. 이런 호감의 표현도 연습이 필요하다.

그러나 무엇보다도 필요한 것은 긍정적인 표현법이다. 생각보다 우리는 일상생활에서 특히 가족 간에 이런 표현을 자주 하지 못한다. 좋은 말은 아끼지 말고 자주하도록 노력해보자.

사랑해, 행복했어, 결혼해줘서 고마워, 태어나줘서 고마워 등등의 표현들을 자주 쓰고 개발하도록 노력해보자.

어린 시절을 생각해보라. 그때는 자기감정에 솔직했다. 기쁠 때, 슬픈 때, 화날 때, 있는 그대로의 감정에 반응하고 행동했다. 그때는 자기감정을 억지로 숨기거나 하지 않았다. 그리고 감정 그 자체를 표현하지 상대방을 비꼬아 인신공격을 하거나 일부러 잘 보이려고 아부하지는 않았다. 그러니 가끔 어린이의 표현법을 사용해보는 것도 좋을 것이다. 우리 꼬맹이는 기분 나쁠 때는 "엄마 나빠!"라고 표현한다. 기분 좋으면 바로 달려와서 "엄마 사랑해."라고 한다. 하기 싫으면 일초의 틈도 없이 즉각 "싫어!"라고 말한다. 이렇게 자기감정에 솔직해지다 보면 진솔한 자기 모습을 찾을 수 있다. 나는 원래 이런 사람이었는데 다른 사람을 의식해서 감추고 있던 참 모습을 찾을 수 있고 자신감도 생긴다.

품위 있는 사람은 감정표현이 적절해야 한다. 품격 있는 말을 적절하게 잘 표현하는 사람을 보면 우리는 교양이 있다고 느낀다. 이런 능력도 그냥 생기는 것은 아니다

말도 아름다운 꽃처럼 그 색깔을 지니고 있다.

— E. 리스

방송국의 아나운서들을 보면 말로 표현을 잘한다. 그리고 그들은 참 멋있어 보인다. 아마도 많은 노력을 했을 것이다. 우리는 아나운서가 되기 위해서 표현하는 방법을 연습하려는 것이 아니다. 그래도 부부가 서로에게 멋있고 교양 있어 보이면 좋지 않을까. 모든 표현을 다 잘할 수는 없다. 그러나 최소한 사랑해, 고마워, 행복해 등의 표현은 충분히 자주 할 수 있을 것이다. 아름다운 꽃처럼 고운 빛깔과 향기를 가지려면 고운 마음씨도 중요하지만 자신의 마음을 적절하게 잘 표현할 수 있다면 곱고 향기로운 사람이 될 수 있을 것이다. 배우자에게 사랑의 표현을 자주 하여 한 송이 꽃이 집 안을 밝히듯 향기로운 가정을 만들어보자.

07

서로의 관심사를 공유하라

결혼에 대하여

– 칼릴 지브란

그대들은 함께 태어났으니

영원히 함께 하리라

죽음의 흰 날개가 그대들의 삶을 흩어놓을 때에도

그대들은 함께 하리라

그리고 신의 고요한 기억속에서도

영원히 함께하리라

함께 있되 거리를 두라

그리하여 하늘의 바람이

그대들 사이에서 춤추게 하라

서로 사랑하라

그러나 그 사랑으로 구속하지는 말라

그보다 그대들 영혼의 나라 속에서

출렁이는 바다가 되게 하라

서로의 잔을 채워주되 한쪽의 잔만으로 마시지 말라

서로의 음식을 주되 한쪽의 음식에 치우치지 말라

함께 노래하고 춤추며 즐거워하되

때로는 홀로 있기도 하라

비록 현악기의 줄들이 하나의 음악을 울릴지라도

줄은 따로 존재하는 것처럼

서로의 마음을 주라

그러나 서로의 마음속에 묶어 두지는 말라

오직 생명의 손길만이 그대들의 마음을 간직할 수 있으니

함께 서 있으라

그러나 너무 가까이 서 있지는 말라

사원의 기둥들도 적당한 거리를 두고 서 있는 것처럼

참나무와 삼나무도 서로의 그늘 속에선 자랄 수 없으니

나는 결혼하고 남편과 많이 놀았다. 남편이 테니스 치는 것을 좋아해서 어렵게 예약해서 둘이서 주말에 시간만 나면 잠실운동장에 테니스를 치러 갔다. 테니스 치다 가끔 싸우기도 했지만 즐거웠다. 나는 집 안 꾸미는 것을 좋아해서 작은 집을 아기자기하게 꾸미고 살았다. 남편도 소꿉놀이하는 장난감 같은 집이 마음에 들었던지 요즘도 대청동 살 때 그 작은 집 이야기를 한다. 술 마시는 것을 좋아하는 남편이 밤새도록 술을 마셔보자고 해서 신사동에서 밤새 가게를 옮겨 다니며 마시기도 했다. 압구정동, 홍대 앞, 맛있는 안주가 있다는 곳은 다 찾아 다녔다. 요즘은 여러 가지 이유로 노는 것을 뜸하게 하고 지낸다. 그때 신나게 같이 놀 때가 그립다.

프로이드는 "정신이 건강한 사람은 사랑할 수 있고, 놀 수 있고, 일할 수 있어야 한다."고 했다. 사랑도 하고 일도 하지만 우리 생활 속에 빠진 것이 무엇인가? 바로 놀이다. 놀이는 또 다른 형식의 대화법이다. 놀이는 처음에는 호기심에서 시작된다. 이 호기심이 충족되면 새로운 탐험에 대한 흥미가 생긴다. 놀이는 단지 어린이들만의 것이 아니다. 어릴 때 시작해서 여러 형태로 변형되면서 어른에게도 이어지는 것이다. 놀이는 어른들에게도 필요하다. 서로에 대해 궁금할 때 함께 운동을 하거나 간단한 말장난을 하면서 그 사람에 대해 알게 되는 것들이 많다. 이렇게 놀이를 하다 보면 서로를 좀 더 이해할 수 있게 된다. 그리고 놀이를 하다 보면 갈등도 해결되고 서로간의 긴장도 해소된다. 신체적으로도 안정감을 준다. 성인이 되고부터 우리는 놀이에 대한 부담감을 갖게 되었다. 놀이란 우리가 보통 생각하는 그저 무기력하게 시간을 낭비한다는 것이 아니다. 삶의 활력을 주고 창조적인 에너지를 불어 넣어주는 말 그대로 즐거운 놀이를 말한다. 인생에서 놀이가 빠지게 되면 마치 양념이 빠진 음식을 먹고 있는 기분이 된다. 놀이는 일로 지친 우리에게 재충전의 시간을 주고 즐거움을 되찾게 해준다. 한바탕 신나게 놀고 나면 어린 시절 순수했던 마음으로 되돌아가 있는 기분도 느낄 것이다.

페니실린을 발견한 플레밍은 골프, 당구, 탁구 등의 각종 스포츠와 게임을 즐겼다고 한다. 그래서 그는 일을 할 때도 규칙을 만들어 게임처럼 즐겁게 일을 하였다. 페니실린의 발명도 이렇게 새로운 규칙들을 연구에 대입하면서 발견된 것이다. 놀이가 일에 적용되면 지식을 변형시켜 새로운 이해를 가능하게 한다. 또한 일로 인한 스트레스와 억눌린 감정을 해소시켜주기도 한다. 놀이는 인간이 인생을 살아가는 동안 지루함을 견디기 위해 만든 것이라고도 한다. 일이 바로 이 놀이의 연장이라는 것이다. 그러니 일이라고 너무 진지하게만 생각하지 말고 그 속에서 즐거움을 발견하려고 노력해보는 것도 일로 인한 피로를 줄여주는 한 방법일 것이다.

그렇다면 어른들이 할 수 있는 놀이에는 어떤 것들이 있을까? 정서적인 교감을 할 수 있는 놀이로 사사로운 농담이나 애교, 사랑놀이, 장난스런 놀림 등이 있다. 배우자끼리 가끔 귀여운 농담이나 우스갯소리나 애교스런 행동을 해본다면 서로 더 친밀해지고 분위기도 좋아짐을 느낄 것이다. 이런 것들은 자연스러운 행위임에도 불구하고 신혼이 지나면 점점 그 횟수가 줄어들기도 한다. 조금 의식적으로 해보는 것도 한 방법이다. 그리고 음악을 같이 듣거나 전시회나 콘서트를 보러 가는 것도 놀이다. 음악은 어떤 장르를 좋아하는지 같이 탐색해보는 것도 좋을 것이다. 나는 주로 록이나 메탈을 좋아한다. 내가 같이 가자고 해서 유명한 메탈 그룹인 '메탈리카'의 공연을 보러 따라온 남편은 뭔지도 모르고 따라왔었나 보다. 내가 새롭게 보였다고 돌려서 이야기하는데, 아마도 그의 취향에 맞지 않았던 듯하다. 지금 남편은 주로 옛날 가요를 듣는다. 내가 요즘 나훈아의 노래에 빠져 있자, 또 '왜 그러냐'는 표정으로 바라본다.

골프나 테니스, 배드민턴, 수영 등등의 스포츠도 부부가 함께 취미로

할 수 있는 좋은 놀이이다. 가끔 스포츠 댄스를 같이 하는 부부를 보면 참 보기 좋고 아름다운 부부라는 생각이 들었다. 운동을 같이 하면 건강에도 도움이 되고 서로 활력을 찾을 수 있어 신체적으로 정신적으로 좋은 영향을 미칠 것이다. 연극을 취미로 하는 경우도 종종 있다. 이렇게 시간을 내어 조금만 찾아보면 즐겁게 하면서 취미도 살릴 수 있는 놀이들이 얼마든지 있다. 어릴 때 수업시간은 재미없을망정 10분, 잠시 노는 시간을 기다리며 학교에 즐겁게 갔었다. 그 쉬는 시간 10분은 친구들과 즐겁고 신나는 놀이를 할 수 있는 가장 행복한 시간이었다. 즐겁고 행복하게 놀 줄 알아야 한다. 그러면서 우리의 삶도 풍요로워진다. 놀자.

그리고 또 한 가지 자신을 꾸미는 일에 소홀히 하면 안 된다. 자신을 가꾸고 꾸미는 일도 즐겁지 않은가? 그리고 이런 자신에 대한 투자는 행복한 결혼생활을 위해 분명 가치 있는 일이다. 허영심을 만족시키기 위한 일이 아니라 서로에 대한 관심과 배려인 것이다.

나는 결혼 전에 살찌는 것을 방지하기 위해 애를 많이 썼다. 혹시 인연이 나타났는데 내가 살쪄서 못 알아볼 수도 있지 않을까 싶어서였다. 그러니 먹고 싶은 대로 마음대로 못 먹었다. 그리고 바쁠 때조차도 일주일에 한두 번 정도는 반나절은 다 투자해서 운동을 했다. 물론 딱히 할 일도 없었던 것도 있었다. 그러니 여간 스트레스가 아니었다. 결혼을 하면 남편이 이해해 줄 테니 맘대로 먹고 살도 찌고 해도 괜찮을 것이라고 생각했었다. 그런데 웬걸!, 더 조심해야 된다. 남편은 예민한 사람이라 조금만 살쪄도 알아본다. 그리고 이렇게 이야기 한다. "자기의 날씬한 허리는 남들이 가지지 못한 장점인데…" 또는 "엉덩이는 뚱뚱해도 상체는 호리호리하지." 등등의 내가 살찌는 것을 은근히 경계하는 말을 한다. 그래서 이제나 저제나 살이 찌고 몸이 망가질까 봐 열심히 운동은 안하고 식욕조절을 해야 한다. 남편이 운동안 하고 게임만 하려 하면 이렇게 얘기해주라. "당신은 배 나온 모습보다 운동하는 보습이 멋진데…"라고 말이다.

가끔 친구 사이처럼 물어보자. 요즘 관심사가 뭔가요?

정창권 교수가 쓴 『조선의 부부에게 사랑법을 묻다』에서 조선시대의 부부 사이도 나를 알아주는 친구 같은 사이였다는 이야기가 있다. 친구처럼 지내면 서로에 대해 예의도 지키게 되고 자신을 가꾸고 행동 하나에도 주의를 기울이게 된다. 친구처럼 예로 대하고 친구처럼 즐거이 놀자.

실러는 "인간은 놀이를 할 때 가장 완벽하게 인간적이다."라고 했다.

지금도 우리 집 책장 위에는 칼리 지브란의 『결혼에 대하여』라는 시가

적힌 액자가 있다. 결혼을 생각하고 있거나 결혼한 부부들이 여러 번 되새겨 읽어볼 만한 내용이다. 결혼이 아름답다는 생각이 들게 하는 훌륭한 시이기도 하지만 무엇보다도 그 아름다움은 서로 아끼고 배려하는 마음에서 온다는 것을 알게 해주는 시다. 그의 말처럼 춤추고 노래하자. 그리고 즐겁게 놀자. 한바탕 신나게 놀고 나면 우리 인생에서 더 바랄 것이 무엇이 있을까.

08

서로에 대한 차이를 인정하라

서로 다름을 인정하자. 서로 다름으로 삶이 더 풍요로워질 수 있다. 서로의 다름은 서로를 보완해준다.

나는 기쁜 감정을 잘 표현하지 못한다. 농담도 잘 이해를 못한다. 혼자 오래 살아서 웃을 일도 별로 없었다. 그런데 결혼을 하고 달라졌다. 내가 결혼하기 전 남편이 착한 사람일 것이라고 생각한 이유가 있다. 같이 맥주를 마시고 이야기를 하다가 서로 얼굴을 빤히 들여다보게 된 순간이 있었다. 작고 동그란 눈이 참 선하고 귀엽게 보였다. 지금 우리 꼬맹이는 내가 눈을 조금만 크게 떠도 무섭다고 한다. 그래서 사람이고 인형이고 눈이 큰 것을 싫어한다. 남편은 작고 사소한 것에 기뻐할 줄 아는 사람이다. 누군가 선물을 주면 작은 것이라도 꼭 집으로 가져와 자랑을 한다. 한번은 지인이 주고 간 요구르트 음료 한 상자를 집으로 들고 왔다. 어떻게 다 먹으라고? 집으로 가져오지 말고 직원들이랑 나눠 먹으라고 아무리 말을 해도 안 듣는다. 선물을 준 사람의 성의를 무시하면 안 된다고 하며 뭐든 집으로 가져와 보여준다. 농담도 그럴싸하게 한다. 그러면 나는 사실인줄 알고 항상 속는다. 10년이 넘었는데도 아직도 속는다며 또 놀린다. 그리도 신혼 초부터 남편은 나의 개그맨이었다. 웃기는 말도 잘하고 웃기는 일도 많이 저지른다. 자기가 아니면 누가 나를 웃게 만들겠냐고 하면서 엄청 신나한다. 그리고 또 허풍을 떤다. 우리는 서로 이렇게 다르다. 그러면서 나는 좀 여유로워졌고 부드러워졌다. 내 감정들도 좀 더 풍요로워진 것이다.

아무리 비슷한 구석이 있어도 내 마음과 상대방의 마음이 똑같지 않다. 그렇지만 사람은 서로 너무 다른 것 같아도 어울려 잘 지낼 수 있다. 남편과 세계여행을 가서 마드리드에 있을 때다. 그날은 톨레도에 가는 기차를 타야 했다. 시간에 맞게 기차를 타려면 서둘러 가야 했다. 원래 걸음이 빠른 나는 기차를 놓칠까 봐 평소보다 더 빨리 걸었다. 그런데 걸음이 느린 남편은 내가 너무 빨리 걷는다면서 투덜거리더니 뒤에서 한참 떨어져서 걸어오는 것이었다. 그러거나 말거나 혼자 빨리 걸었다. 남편은 어깃장이 났는지 이제는 아주 보일 듯 말 듯 하는 것이었다. 여행을 다니다 보면 이런 경우가 종종 생긴다. '이번이 지나면 달라지겠지.' 하고 내버려뒀더니 어느 순간 옆에 와 있었다. 그 뒤로 남편의 걸음이 제법 빨라졌다. 여행이 끝날 무렵에는 포동포동하던 살도 빠져서 몸도 제법 다부져졌다. 요즘은 내가 늘청거린다고 잔소리까지 한다. '언제부터 그렇게 빨랐다고….'

결혼은 서로 보완해주고 도와주고 따라가주고 하면서 이루어가는 것이다.

러시아 속담에 "전쟁에 나갈 때는 한 번 기도하고 바다에 나갈 때는 두 번 기도하고 결혼할 때는 세 번 기도하라."라는 말이 있다. 결혼을 하면 인내해야 할 일이 많다는 뜻일까? 아마도 복불복일 수도 있으니 마음의 준비를 단단히 하라는 뜻도 숨어 있을 것이리라 생각한다. 그래서 나는 결혼 전에 pre-honeymoon을 갔다. 개인적인 의견이지만 결혼할 사람이 아니라면 언제도 상관없다. 그러나 결혼할 사람이라면 결혼하자는 얘기가 나오고 속궁합을 알아보는 것을 추천한다. 이유는 많이들 들어서 알겠지만 남자들의 속성 때문이려니 정도로 짐작하면 되겠다. 그리고 결혼하기 전에 pre-honeymoon을 약식으로 가서 로맨틱한 데이트를 하는 것이다.

결혼하기 전에 남편은 말레이시아에 가서 살 거라고 쿠알라룸푸르에 가 있었다. 자기는 나를 초대하여 구경시켜준다는 생각으로 나를 부른 듯했다. 하지만 나는 그를 잡으러 간다는 생각으로 말레이시아로 출발했다. 그는 말레이시아가 살 만하다는 것을 보여주기 위해서인지 먹을 것, 구경할 것, 즐길 것, 잠잘 곳까지 빈틈없이 준비해 두었다. 2박 3일간 흥미롭고 나름 아름답고 로맨틱한 시간을 보내고 돌아왔다.

얼마 후 그도 말레이시아에서 모든 짐을 정리하고 나와 살기 위해 한국으로 돌아왔다. 의도하지 않게 결혼 전에 같이 보낸 2박 3일이었지만 서로에 대해 어느 정도 알아보는 데 충분한 시간이 되었고 나름 성과도 있었다. 그래서 나의 이런 경험을 바탕으로 pre-honeymoon이란 이름을 붙여 이야기를 해보았다. 시도해보는 것도 괜찮을 듯하다.

결혼생활에서 섹스는 중요한 부분이다. 신혼 초에는 사랑의 유효 기간도 남아 있고 하니 문제될 것이 없다. 부부간의 섹스는 결혼 후 나이가 들어가면서 문제를 일으킨다. 여성은 정신적인 영향을 많이 받는다. 분위기도 중요하고 육아나 사소한 일에 영향을 받는다. 그리고 상대적으로 리비도가 일찍 감소한다. 반면 남성의 성욕은 본능적이고 비교적 오래 유지된다. 충분히 중요한 문제이니 강요만 해서도 안 될 일이다. 섹스도 교감의 문제이다. 부부간의 신체적 교감이니 서로 배려할 줄 알아야 한다. 정신적 교감이 중요하듯 신체적 교감도 중요한 것이다. 남편들이 섹스에 소위 미친 사람처럼 보챌 때 잘해줘야 한다. 나이 들어 잘 안 된다고 하면 참 슬프고 마음 아프지 않겠는가.

학교에서 사회에서 많은 것들을 배우고 공부한다. 그러나 우리에게 누구도 결혼, 육아, 남녀의 차이에 대해 가르쳐주지 않는다. 이는 또한 가정교육만으로 해결될 수 없는 문제들이다. 가정에서 우리는 부모님의 사는 모습을 볼 뿐이지, 부모님이 우리에게 결혼생활에 대해 가르쳐주시지는 않는다. 부모님의 사는 방법을 우리가 이룬 가정에 적용할 수도 없다. 단지 참고만 할 수 있는 것이다. 결혼과 육아도 공부해야 한다. 그전에 서로 다른 남녀의 차이도 공부해야 한다. 이렇게 구체적인 것을 모르고 주위에서 들은 것만으로 결혼을 모호하게 생각하거나 선입견을 가져서는 안 된다고 본다.

남자와 여자가 다른 것은 자연스러운 것이다. 인간은 어느 한 사람 같지 않다. 차이를 차별과 혼동해서는 안 된다. 서로 다르다는 것을 알고 인정할 줄 알아야 같이 화합해서 공존할 방법도 알게 되는 것이다. 생리적으로 남자와 여자가 다르듯이 각 개인도 차이가 있다. 결혼을 하면 서로 다른 개성을 가진 두 인격체가 만나는 것이다. 남녀 차이도 중요하지만 우리는 서로 다른 사람들이라는 것을 먼저 염두에 두어야 할 것이다.

이렇게 서로의 차이를 인정하되 절대로 인정해서는 안 되는 것들이 있다. 무언가에 중독되어 있는 것이다. 취미든 일이든 열정을 떠나 중독되어 있으면 곤란하다. 일 중독 때문에 가정에 소홀히 할 수 있다. 자기 취미 생활 때문에 주말에 집이 이사를 가든 말든 안중에도 없어서는 안 된다.

또 도박에 빠져 있다면 정말 심각한 문제다. 노름에 빠지면 팔 수 있는 것은 다 팔아 돈을 마련하려 한다는 옛말도 있지 않은가. 어딘가로 팔려가고 싶지 않으면 도박은 해서는 안 된다. 폭력, 물론 절대 안 된다. 고쳐지겠지 했다가는 얼굴 통째로 고쳐야 하는 수가 생긴다. 주사, 반드시 체크해봐야 한다. 끝까지 먹어봐라. 대신 자기가 먼저 취하면 안 된다. 마지막으로 우울한 사람, 가난은 국가도 구제 못 한다고 했다. 우울한 성향도 국가가 구제 못 한다. 병원에 가봐야 한다.

그리고 한 가지, 육아에 있어서 교육 문제는 차이를 인정하기보다는 절대 원칙에 합의하는 것이 좋다. 공부에 집중시킬 것인지, 자유롭게 키울 것인지, 사교육은 어떻게 할 것인지 등등의 문제를 부부가 서로 깊이 있게 충분히 공부하고 대화하여 합의를 해야 한다. 그리고 결정적인 어느 순간이 오기 전까지는 흔들림 없이 가야 한다. 이 합의가 되지 않아 집안의 불화가 생기거나 이혼까지 하는 경우도 있다.

마지막으로 결혼, 육아, 남녀의 차이에 대한 공부를 끝냈다. 성적도 좋을 것이라 자부해도 된다. 그러나 인생을 보라. 공부 잘한다고 잘 사는 것도 아니다. 실전이 중요하고 마음가짐이 중요한 것이다. 그리고 공부는 평생에 걸쳐 필요한 것이다. 이제 시작이다. 서로에 대한 차이를 인정하고 이를 받아들이려는 마음으로 시작하는 것이 풍요로운 결혼생활의 시작이다.

늦게 결혼했어도
행복하게 사는 기술

01

꿈을 이루는 부부의 목표를 세우자

'사랑의 유람선(the love boat)'

love, exciting and new

come aboard, we're expecting you

love, life is sweetest reward

let it flow, it floats back to you

love boat soon will be making another run.

the love boat promises something for everyone

set a course for adventure your mind on new romance

love won't hurt anymore

1977년부터 미국에서 방영된 드라마의 주제곡 가사이다. 간단하지만 사랑과 인생과 모험에 대한 로맨틱한 느낌이 다 들어 있는 가사이다.

우리는 이제 사랑의 유람선을 탔다. 멀리 가슴 설레는 미지의 세계로 모험을 떠날 것이다. 잔잔한 바다도 있고 바람과 파도치는 바다를 만날 수도 있다. 그러나 어디를 갈 것인지 정하지 않고 바다 위를 정처 없이 떠다닐 수는 없다. 아름답고 멋진 경험을 하려면 나침판과 항해도와 목적지가 있어야 한다. 현재 목적지에서 다음 목적지에 대한 계획도 필요하다.

어떻게 살 것인가 상상하고 계획을 해야 한다. 짧게는 1년, 길게는 10년까지 계획을 세울 수 있다. 목표를 정하고 계획을 세워야 목적지에 안전하게 도달할 수 있다. 그래야 바라는 멋진 것들을 경험할 수 있는 것이다. 중간에 필요에 의해 계획은 수정할 수 있다. 어쩔 수 없는 일들은 흘러가도록 둬야 한다. 목적지의 변경이 생길수도 있다. 그러나 정해둔 목적지가 있어야 파도가 다시 돌아오듯 돌아서라도 갈 수가 있는 것이다.

명확한 목적이 있는 사람은 가장 험난한 길에서조차도 앞으로 나아가고 아무런 목적이 없는 사람은 가장 순탄한 길에서조차도 앞으로 나아가지 못한다.

– 토마스 칼라일

자녀 계획이며 경제적인 계획, 각종 행사 그리고 원하는 꿈까지 사소한 것들부터 큰 계획까지 목표를 세우자. 결혼은 결혼식 후 연도별로 기념일 명칭이 정해져 있다. 10주년 석혼식, 20주년 도혼식, 30주년 진주혼식, 40주년 벽옥혼식, 50주년 금혼식 등등이다. 그 사이에 5년마다 이름이 따로 있기도 하다. 이 기념일은 잘 살아온 것에 대한 축하와 함께 서로에 대한 사랑과 고마움을 표현할 수 있는 날이다. 학교에서 학기 마치면 개근상 주듯이 결혼생활도 상을 주어 마땅한 일이 아니겠는가. 그런데 미리 계획을 세우고 준비를 하지 않아 닥쳤을 때 부랴부랴 하면 일이 제대로 되지 않을 뿐더러 서로 속상한 일만 생길수도 있다. 결혼기념일은 앞으로 또 열심히 살아가자고 서로에게 주는 격려의 상이다. 응당 상을 받을 것이라고 기대하고 있었는데 행사가 취소되어 상장을 못 받게 되었을 때 섭섭함을 생각해보라. 그러니 계획을 잘 세워서 억울한 일이 없도록 하자.

가정도 의식이 필요하다. 회사에서 종무식 시무식 하듯이 말이다. 새해에는 항상 가족들끼리 식사를 하든 차를 마시든 모여서 한 해의 계획을 얘기는 시간을 마련해보자. 각자 중요한 일들도 있을 것이고, 가족의 중요한 일들도 있을 것이다. 이들의 우선순위를 정하고 반드시 해야 하는 중요한 가족의 일을 정한다. 그리고 서로 합심해서 해결해나가도록 노력하는 시간을 갖는 것이다. 결혼기념일이나 생일에는 어떻게 보내고 어떤 형식으로 축하를 할 것인지 미리 정해두면 편리하다. 이것도 습관이 되면 잘 잊어버리지 않게 된다. 특히 부모님의 생신이나 어버이날은 신혼 초에 뭘 할지 정해두면 부모님도 그러려니 하신다. 우리의 경우는 생신에는 식사를 하면서 간단한 선물을 해드린다. 눈으로 볼 수 있는 것을 해드리면 자랑하실 수 있는 기쁨을 함께 드릴 수 있다. 어버이날은 카네이션과 케이크를 드린다. 그러면 매번 뭘 할지 고민 안 해도 되고 바쁠 때 놓치고 지나가는 일도 적어진다.

내가 어릴 때는 부모님이 제사를 지냈다. 설에 차례를 지내고 나면 아버지께서 각자의 중요한 일을 하나씩 환기시켜주신다. 집안의 중요한 일, 나와 동생이 명심해야 될 일들을 일러 주셨다. 그리고 차례에 오신 조상님들께 동생과 내가 새로 배운 것들을 보여드렸다. 노래를 불러드리기도 하고 나는 피아노를 치기도 했다. 동생은 그림 그린 것을 보여드리기도 했다. 별일 아닌 듯이 한 해 한 해 습관처럼 지나간 일들이지만 지금 생각해보면 그렇게 하면서 부모님도 어려운 시절을 견디는 힘을 얻지 않았나 싶다. 그리고 동생과 나도 열심히 생활하고 중요한 일을 잘 넘기고 했던 것 같다.

그리고 마무리도 중요하다. 매주 주말마다 같이 이야기하는 시간을 가지고 한 주를 마무리 할 수 있으면 좋다. 그렇지 못하다면 월말에라도 한

번 정도는 필요하다. 그리고 한 해의 마무리도 반드시 해야 한다. 학교에서 그동안 배운 것들을 점검하고 실력을 뽐내는 시간이 월말 기말 시험이다. 가정에서도 그동안 가족들이 한 일들을 점검하고 잘한 일은 자랑도 하고 칭찬해주는 시간이 필요하다. 어려운 일이나 해결해야 될 일이 있으면 서로 도움을 주고 의견을 구하기도 할 수 있다. 잘못한 일이 있으면 반성하는 시간도 필요하다.

먼 길을 여행할 때 자동차에 기름도 넣고 바퀴 상태나 엔진 상태를 점검하고 떠나야 안전하다. 또 중간중간 휴게소에서 쉬어주기도 해야 한다. 사고가 생기고 나면 누가 손해인가? 미리 예방하는 것이 중요하다. 이처럼 가정의 일도 계획하고 마무리하는 과정을 거치면 알게 모르게 생겨 있던 갈등의 불씨를 미리 제거할 수 있는 것이다.

지금으로부터 20년 후에, 당신은 당신이 한 일보다 하지 않았던 일들을 더욱 후회할 것이다. 그러니 뱃머리를 묶고 밧줄을 풀어 던져라. 안전한 항구에서 벗어나 항해를 떠나라. 당신의 항해에 무역풍을 타라. 탐험하라. 꿈꾸라. 발견하라.

– 마크 트웨인

그리고 꿈을 위한 목표를 세워보자. 각자의 꿈은 무엇이고 필요한 것이 무엇인지 계획하자. 꿈은 어린아이들만 꾸는 것이 아니다. 상상만 하면 누구나 꿈을 꿀 수 있다. 그리고 그 꿈의 실현은 구체적인 상상과 실천 속에 있다. 가족을 위한 꿈의 지도가 있어야 한다. 그래야 보물섬에 갈 수 있다. 우리가 탄 배는 작은 항구들을 지나 꿈의 보물섬을 향해 가는 사랑의 유람선이다. 그곳에는 멋진 선장과 아름다운 요리사와 귀여운 승무원들이 있다. 행복을 가득 실은 사랑의 유람선인 것이다.

모든 큰 성공도 작은 준비에서 시작된다. 가족의 아름다운 항해를 위해 멋진 계획을 세우고 깃대를 높이 세우고 모험을 떠날 준비를 하자. 미리 계획하고 준비하고 자주 점검하고 주의를 게을리하지 않는다면 안전하고 행복한 결혼의 항해가 될 것이다.

02

배우자를 행복하게 하는 대화의 기술

대화는 인간관계에서 서로를 이해할 수 있는 첫 번째 도구이다. "좋은 대화는 블랙커피처럼 활기를 주고 잠들기 힘들게 한다."라고 앤 머로우 린드버그가 이야기했다. 그렇다, 서로 대화가 통하는 사람들은 지나가는 밤이 아쉬울 정도일 것이다.

배우자와 행복하게 대화할 수 있는 방법들을 알아보자.

첫 번째, 긍정적인 대화를 해야 한다.

먼저 서로의 장점을 자주 이야기해주어라. 자세히 들여다보면 예쁘다.

나는 남편의 작은 눈만 봤다. 친정어머니가 "이 서방은 코가 참 잘 생겼다."라고 하셔서 자세히 들여다보니 정말 코가 버선코처럼 예뻤다. 엄마는 어떻게 아셨지? 엄마도 이 서방이 요모조모 예쁘게 보이시는 듯했다. 남편은 원래 칭찬을 잘해주는 사람이다. 말도 재미나게 잘한다. 그러니 가끔 말만 앞서는 경우도 종종 있다. 식사를 하고 나면 "맛있게 잘 먹었어요. 요리 솜씨가 점점 느는데, 만드느라 고생했어."라고 한다. 그런 소리를 처음 들었을 때 기분이 좋았다. 그래도 세월이 지나 말은 그대로인데 설거지는 잘 안 해주니 얄미운 생각이 든다.

이상을 지지하고 격려해준다. 하고 싶은 일이 있다고 할 때 잘 들어주어야 한다. 들어주기만 해도 이루어질 것 같은 기분이 든다. 그리고 잘할 수 있다고 격려해주라. 용기도 생기고 정말로 잘하게 된다. 내가 글을 쓰겠다고 하니 남편이 적극 찬성한다고 했다. "자기는 책도 많이 읽고 쓰는 것이 오랜 꿈이니 잘할 수 있어, 내가 필요한 거 있으면 적극 도와줄게." 라고 한다. 그래서 신나서 열심히 글을 썼다. 그런데 "뭘 도와주겠다는 거지? 설거지고 뭐고 내가 다하고 있는데…"

그리고 긍정적인 말고 함께 긍정적인 행동이 동반되면 더 좋다. 감사의 키스, 손잡아주기, 엉덩이 두드려주기, 머리 쓰다듬어주기 등등. 감사카드 쓰기, 꽃 사다 주기, 애정 어린 투정, 좋아하는 일 들어주기 등등.

두 번째, 서로가 다름을 인정해야 한다.

있는 그대로의 모습을 보여주고 감추려하지 마라. 갑자기 안 하던 짓 하면 어색하다. 신혼 때는 누구나 깨가 쏟아진다. 서로에게 있는 애교, 없는 애교 다 부린다. 싱글일 때는 닭살 커플 보면 거품 물고 욕하다가 결혼하면 자기들이 더 한다. 어느 날 남편이 진료실에 들어 온 환자에게 자기도 모르게 "어또케 와떠요?"라고 했다. 어색하고 민망해라…

상냥하고 애교 넘치면 좋다. 계속 그래야 한다. 나이가 지긋하고 풍채가 좋으신 할머니 한분이 카트에 작은 봉투 하나 올려놓고 누군가를 기다리셨다. 할아버지다. 그리고 "여보~, 나 무거워서 못 드니까 당신이 이것 좀 차에 옮겨줘요~고마워요~"라고 하신다. 그렇지 못하더라도 나름의 시크한 매력도 있으니 자신 있게 행동하고 말하라. 나는 장롱도 혼자 옮길 줄 아는 여자라고 남편은 자~랑을 하고 다닌다.

세 번째, 반응하라. 과한 리액션이 좋아!

남편은 꽃을 사는 것을 좋아한다. 이사를 가면 근처 어디에 꽃집이 있는지부터 챙긴다. 그리고 기념일만 되면 꽃다발을 준비한다. 나는 리액션이 좋지 못하다. 그래도 좋은 화병에 잘 꽂아 둔다. 나의 무뚝뚝한 반응에도 용기 잃지 않고 꽃을 사오는 남편 때문에 행복하다. 아내가 기뻐하고 행복해 할 때 남편도 행복해진다. 그리고 다음부터는 더 큰 용기를 갖게 된다. 용기 있는 남자가 미녀를 얻듯이 행복한 여자가 용기 있고 멋진 남자를 만든다. 누군가 선의를 베풀었을 때 진심으로 받아들여준다면 그보다 값진 보답이 어디 있겠는가? 그러나 살다 보면 때에 따라 과한 리액션이 필요할 때도 있다.

네 번째, 구체적으로 정확하게 알려주어야 한다.

"내가 또 왜 이러는지 몰라~" " 당신이 왜 그러는지 나는 정말 몰라~!"

자신이 무슨 생각을 가지고 무슨 뜻으로 말하는지도 모르는데 상대방은 어떻게 알까. 말을 돌려서 하는 경우는 두 가지 심리다. 자신감이 없거나 거절당할까 봐 두렵거나. 남편은 어떤 말을 할 때 유머를 섞어 말하거나 되돌려 말을 잘한다. 그래서 나는 그 말을 곧이곧대로 믿고 농담으로 넘기거나 이해를 못 하는 경우가 많다. 된장국에 차돌박이를 너무 많이 넣어 기름이 둥둥 떠 있다. 느끼할 것 같다 생각하면서 차렸는데 남편이 "차돌 된장국이네. 차돌을 많이 넣어서 좋네." 그런다. 속으로 '괜찮나?' 생각했다가 저녁에 재차 이실직고하라고 하니, 느끼했단다. "빙~ 돌려서 얘기하지 말라고 했지!" 원하는 것이 있으면 거절당할 것을 두려워하지 말고 얘기해야 한다. 기분은 좀 상할지언정 그래야 요리 실력이 늘지.

다섯 번째, 용서해줘라. 그리고 과거를 자꾸 돌아보지 마라. 한 번이면 충분하다.

나에게는 도깨비 방망이가 하나 있다. 남편의 실수를 눈감아주고 얻은 것이다. 내가 아기 낳고 시어머니께서 축하한다고 그동안 모으신 돈을 얼마 정도 주셨다. 그 당시 남편은 새로 병원을 시작한 상태였다. 자신의 세계여행의 꿈을 실현한 뒤라 돈이 많이 부족했다. 그래서인지 어머니가 나와 아기를 위해 주신 돈인데 필요하다고 하여 주게 되었다. 그리고는 아무 말도 하지 않고 지내다 병원이 어느 정도 궤도에 오른 몇 개월 뒤 그 이야기를 슬쩍 꺼냈다. 남편은 그때 너무 어려워서 그랬다면서 많이 미안해했다. 그 뒤로 나는 자주 그에 버금가는 선물을 받는다. 은혜를 입은 도깨비처럼 자~꾸 선물을 주는 것이다.

내가 임신했을 때 사이다가 갑자기 먹고 싶었다. 남편이 일을 마치고 집에 들어온 뒤의 일이라 피곤했던지 다음에 사주겠다고 하고 넘어갔다. 그 당시 남편은 봉직을 하고 있었고 하루 종일 수술을 해야 했다. 그러니 몸도 피곤하고 정신적인 스트레스도 많았을 것이다. 그 마음을 충분히 이해해서 그냥 넘어가기는 했지만 좀 섭섭하기도 했다. 아기가 태어나고 한참 뒤 나는 그 얘기를 슬쩍 꺼냈다. 남편은 그러고 아차 싶었지만 내가 자기를 이해해줘서 고맙기도 하고 미안하기도 했다고 했다. 그 뒤로는 웬만한 심부름은 거절하는 법이 없다.

용서해주라. 그러나 잘못은 기분 나쁘지 않게 때를 봐서 적당히 알려줘야 한다. 그러면 나처럼 도깨비 방망이가 아니라 더 좋은 마법봉이 생길지 어떻게 알겠는가.

여섯 번째, 당연한 일에 감사할 줄 알아야 한다.

직장 생활이나 사회생활을 해본 사람은 알 것이다. 그 과정에서 거쳐야 할 어려움들이 어떤 것인지 말이다. 나의 노동에 대한 대가로 벌어온 돈을 함부로 쓸 수 없다는 생각이 들 것이다. 그런 점을 고려하면 당연하게 들어오고 나가는 돈인 것 같지만, 고마워하고 아낄 줄 알아야 한다. 그리고 또한 고생한 것에 대한 보상도 필요하다. 새로운 힘을 내고 더 잘할 수 있기 위한 상이기 때문이다. 서로의 노력과 그 결과를 당연시만 하지 말자. 가정 경제를 잘 꾸려준 아내에게 감사하고 잘 이끌어준 남편에게 고마워하자.

또 우리는 "말로만?" "글쎄~" 별로 좋아하지 않는다. 서로에게 격려 차원의 작은 선물로 보상을 해주는 시간을 갖는 것도 의미가 있을 것이다. 월말이 되면 우리는 항상 작은 술자리나 식사 자리를 마련한다. 남편은 한 주가 지나고 한 달이 지나는 것에 늘 의미를 둔다. 매일 머릿속으로 나름의 의미를 부여하고 잠들기도 한다고 한다. 그리고 서로에게 고생했다는 이야기를 해주고 한 달간의 일을 잠시 되돌아보기도 한다. 술자리를 파하고 집으로 가자고 하면 남편은 꼭 5분, 10분 만 더 있다 가자고 얘기한다. 그 몇 분에 또 의미를 두기 위함이다. 이제는 꼬맹이도 합세를 해서 5분만, 10분만 흔한 남매를 더 보다 가자고 한다. 그러면 나는 또 멍하게 앉아 있다 일어선다.

가정의 행복과 성공은 어느 한 사람의 노력만으로 이루어지는 것은 아니다. 남편의 사회적인 성공에 대해 공을 말할 때, 아내의 세심한 노력도 포함되어야 한다. 그리고 아내는 남편의 노력과 인내로 이룬 일에 대해 깊이 감사할 줄 알아야 한다.

"오늘도 고생했어. 맛있는 치킨에 맥주 사줘서 고마워. 사랑해, 우리 귀염둥이."
"오늘도 즐거운 대화 행복했어요."

서로 자주 대화하고 격려해주고 서로에 대해 감사하자. 행복한 대화는 어떤 안주보다 우리를 즐겁게 한다.

03

부부싸움에도 기술이 필요하다

"형님, 싸움의 고수라는 소문을 듣고 찾아왔습니다. 한수 가르쳐 주십시오"

"튀어~"

"뭐가 튄다는 말씀인지…"

"그냥 튀라고, 인마~"

이때 눈치 없으면 코피 튄다.

'카르마'라는 말을 들어보았을 것이다. 인도 종교와 철학사상에 있어

윤회와 함께 핵심을 이루는 개념이다. 카르마란 '행하다, 만들다'는 뜻이다. 어떤 원인에서 행위로, 행위에서 결과로 그리고 그 결과가 원인이 되어 또 행위를 일으키게 한다. 카르마의 연쇄 작용은 무한하게 이어지는 것이다. 상대방이 어떤 원인으로 나에게 기분 나쁜 행동을 했을 때, 나도 같은 행동을 하게 되면 똑같은 결과들이 반복되어 일어날 것이다. 이를 막기 위해서는 원인을 먼저 살펴보아야 한다. 즉 '저 사람은 왜 나를 화나게 하는 행동을 할까'라고 생각해본다. 그리고 그 연쇄 작용의 고리를 끊으려면 나는 어떻게 행동해야 할까 고민을 해야 한다.

분노는 가장 어린 감정이다. 떼를 쓰고 우는 아이는 버릇이 없다고만 생각한다. 하지만 이유 없이 떼를 쓰고 우는 아이의 행동은 엄마의 애정을 확인하기 위한 한 방법이기도 하다. 그래서 일관성 있게 아이들을 대하는 것도 중요하지만, 아이에게 신뢰와 믿음을 주는 것도 중요하다. 부부간에도 신뢰와 믿음이 중요하다. 자주 짜증을 내거나 화를 내는 데에는 그만한 이유가 있을 수 있다. 상한 감정이 무엇인지 어루만져주어야 한다. 그리고 언제나 신뢰하고 지지해줄 것이라는 믿음도 함께 주어야 한다.

부부간에 말다툼이 있을 수 있다. 그러나 절대로 해서는 안 될 말이 있다. 부모님이나 그 가족에 대한 험담이다. 어릴 적에는 친구들과 한 번씩은 싸우기도 하면서 큰다. 사소한 일로 토닥거리다가도 금방 화해하고 또 잘 지내곤 한다. 그런데 싸움이 커지는 때가 있다. 그것은 부모님 험담을 할 때다. 그럴 때는 눈에 불이 난다. 생각할 겨를도 없이 바로 주먹이 날아가거나 머리끄덩이 잡아채는 각이다. 아무리 화가 나더라도 부부싸움에 상관없는 부모님 험담은 해서는 안 된다. 설사 화해를 한다 해도 그 상처는 깊게 남을 수 있다.

싸우면서 큰다고 했다. 다투면서 성장한다는 뜻이다. 그러나 성인답게 젠틀하게 싸워야 한다. 어릴 적 눈에 쌍심지 켜고 싸우듯 해서 자신의 바닥을 보여주면 안 된다. 부부간의 말다툼이나 불화는 서로를 알아가는 과정에서 생길 수 있는 충분히 극복 가능한 작은 일들일 뿐이다. 특별히 두 사람만 문제가 있어서가 아니다. 어느 부부나 싸울 수 있다. 어릴 적에는 친구들과 싸우고 나서 울고불고 하다가도 용기를 내서 친구에게 미안하다고 얘기하고 화해하면 기분이 좋아졌었다. 거기다 왠지 좀 자란 것 같고 마음도 뿌듯해진다. 성인이 된 두 사람이 사랑해서 결혼까지 해놓고 그만한 인내심과 용기를 발휘하지 못한다면 부끄럽지 않겠는가? 나중에 자녀가 친구나 형제들과 싸워서 다시는 놀기 싫다고 할 때는 어떻게 말해 줄 수 있겠는가.

남편은 나에게 자기는 왜 칭찬을 안 해주냐고 한다. 무슨 칭찬? 그래서 나는 "당신은 더 이상 칭찬을 먹고 자라는 어린이가 아니다. 다 큰 성인이다. 당연히 해야 하는 일에 칭찬을 바라지 말라."라고 한다. 어른들도 잘못하면 욕먹는다. 회사에서는 상사에게 또는 후배들에게서조차도 욕먹기도 한다. 그러면서 집에서 잘못하며 혼날 수도 있지 아내의 잔소리가, 남편의 훈수가, 그렇게나 듣기 싫기만 해서야 될까.

대신 나는 지나간 일은 다시 꺼내놓지는 않는다. 왜냐하면 그때가 지나고 나면 다 잊어버리기 때문이다. 그래서 항상 그때 생각났을 때 바로 직설적으로 알아듣게 한소리 한다. 칭찬도 물론 중요하다. 그러나 필요한 말은 해야 한다. 단 믿음을 먼저 단단하게 주어야 한다. 그리고 지나간 잘못은 용서하고 서로 비난하지 마라.

결국 싸움은 서로를 향해 자신의 마음을 알아 달라고 내미는 또 다른 손짓이다. 서로 소통을 하기 위한 또 다른 방법인 것이다. 좋게 말하면 논쟁, 언쟁인 것이다. 충분히 논의하고 적절한 합의를 이끌어내기 위한 말다툼이여야 한다. 서로 끝장을 내고 공격하기 위해 하는 것이 아니라는 것을 명심해야 한다. 그러려면 다음의 원칙을 갖고 싸움에 임하자.

이기려 하지말자.
땅따먹기 하는 것도 아닌데 이겨서 뭐하나.

먼저 들어주려고 하자.

조용히 듣고만 있으면 상대방도 깨닫는다. '나 혼자 뭐하는 짓이지'라고 제풀에 꺾인다.

대신 도망가면 안 된다. 그러면 불 내놓고 도망가는 꼴이다.

말꼬리를 잡고 늘어지지 마라.

소꼬리는 소의 꼬리다. 결합 조직이 많아 육수를 내거나 곰탕을 끓이는데 이용한다.

그러나 말꼬리는 아무짝에도 쓸모가 없다.

시간차를 두고 싸워라. 다음의 글을 명심하자.

영국의 성경 주석가인 '매튜 헨리'의 말이다. "둘 다 성격이 급한 부부가 한 가지 규칙을 준수하면 백년해로 한다고 들었습니다. 절대 동시에 화를 내지 않는다는 거죠."

자잘한 일은 그냥 넘어가라.

자잘한 일에 신경 쓰면 내성만 생기고 피곤하기만 하다.

큰 거 한 방이 중요하다. 따발총보다는 박격포가 더 효과적이지 않겠는가.

자녀 앞에서는 싸워서는 안 된다.

"엄마는 목소리가 커, 그리고 내가 잘 못 알아들어서 그러는 것 같은데 엄마는 사투리를 써서 싸우는 것처럼 들리는 거야~" " 힝~, 나도 다 알아 듣거든!" 나, "…", 남편, "…"

그러나 무엇보다도 최고의 싸움의 기술은 피하고 보는 것, 36계 줄행랑이 최고다. 웬만하면 싸우지 않도록 노력하자.

그리고 절대로 바닥까지 보여서는 안 된다. 화를 잘 내는 성향의 사람은 자제하는 법을 반드시 익혀야 한다. 바닥까지 구덩이를 파고 내려갔다가는 상대방이 밧줄을 내려주지 않는 이상 혼자 올라오기 힘들다.

마지막으로 만약 부부싸움 도중 상처를 주는 말이나 행동을 했다면 반드시 용서를 빌어야 한다. 그것도 최대한 빠른 시간 안에 용서를 구하는 것이 좋다. 기분 나쁜 감정이 오래 가게 해서는 안 된다. 이왕이면 그날이 가기 전에 용서를 구하고 용서하라고 한다. 내일 어떤 일이 일어날지 어떻게 알겠는가.

이렇듯 부부싸움도 서로를 알아가고 대화하기 위한 수단일 뿐이다. 그 이상도 그 이하도 아니니 부부싸움에 목매지 말자. 서로 사랑하고 아끼며 지내는 것이 최고의 결혼의 기술이다.

04

행복을 주는 일을 함께하라

대단한 성공을 이루어야 행복한 것이 아니다. 우리의 하루는 거의 매일 반복되는 지루하기까지한 일상들로 채워진다. 이런 하루는 며칠만 지나면 잘 기억이 나지 않는 경우가 대부분이다. '어느 날이 어떤 날이었지?' 한다. 그러나 행복은 우리의 이런 일상 속에 있다. 하얀 뭉게구름은 작은 물방울들이 모여 만들어진 것이다. 우리의 일상도 이렇게 작은 물방울 같은 기쁨들이 모여 추억을 만들고 그 추억들이 하얀 뭉게구름처럼 풍성한 행복을 이룬다. 이런 추억들은 우리가 힘들 때 위로가 되고 다시 회복될 수 있는 힘을 주는 것이다. 이런 작은 기쁨들로 우리의 가정을 가득 채워 흐르도록 하자.

각 나라마다 국가의 중요한 행사를 기념하는 국경일이 있다. 이는 국민들에게 그 의미를 되새기게 하고 국가를 굳건히 하기 위한 목적이다. 그리고 그 기념일에는 각종 의례를 한다. 사회의 작은 구성 단위인 가정에서도 이런 기념이 필요하다. 그러나 근엄하고 지루한 의례가 아니다. 짧고 간단하지만 즐거운 행복의식들이다. 부부가 의미를 둘 수 있는 날들은 결혼기념일, 각자의 생일, 크리스마스 등등이 있을 수 있다. 이외에도 각 가정에 맞게 의미 있는 날을 만들 수 있을 것이다. 이런 날들을 기념하면서 작은 의식을 해보자. 그러면서 그날의 의미와 추억들도 되새기고 가족 관계도 돈독해질 것이다. 전통적으로 우리나라는 큰 명절 외에도 절기별로 의미를 두고 소소한 의례를 하는 풍속이 있었다. 입춘, 단오, 동지 등등의 행사를 하면서 농사일을 점검하고 준비하였다. 각 가정에서 그해의 일들 중에 의미 있는 날을 두어 점검하고 준비하는 것도 뜻깊을 것으로 보인다. 그리고 일정한 형식을 정해두면 잊어버리지도 않고 새로운 의미도 부여할 수 있는 기회도 생길 수 있다. 그것이 일종의 가풍이나 가훈이 될 수도 있는 것이다.

우리는 생일에는 주로 옷을 선물하고 결혼기념일에는 작은 액세서리, 크리스마스에는 장갑, 핀 등의 작은 소품을 선물하기로 정해두었다. 자잘한 선물들이지만 볼 때마다 '이건 언제 받은 선물이지?'라고 생각하며 그날을 다시 떠올리게 된다. 남편은 워낙 아기자기한 것을 좋아해서 기념일에는 반드시 작은 카드에 꽃을 준비해서 온다. 집 안에 꽃이 있으면 분위도 있고 생기가 도는 것 같아 좋다.

여행을 일정하게 가는 것도 좋다. 우리 가족은 한 달에 한 번 정도 간다. 그래서 대개는 연초에 매달 날씨를 고려해 여행갈 곳을 어느 정도 정해두고 미리 예약도 해둔다. 그러면 지난해에 왔을 때보다 올해는 어떻게 변했는지 볼 수 있고 한 해 한 해의 추억이 새록새록 돋는다. 물론 해마다 새로운 여행지를 개발하기도 한다.

결혼하고 얼마 안 되서부터 남이섬에 초여름 무렵에 갔었다. 어느 해엔가 밤사이 갑자기 비가 많이 와서 섬에서 급하게 빠져 나와야 했다. 아기는 어리고 작은 보트에 셋이 타고 급류에 뒤로 밀려가면서 겨우 탈출하고는 그 뒤로 남이섬은 여행 목록에서 제외시켰다.

아이가 크면서 좀 더 먼 곳으로도 장소를 정하기도 한다. 안동 하회 마을에 처음 갔을 때 커플티를 입고 갔었다. 숙박하기로 한 고택에 들어서니 주인 아주머니가 "아이고 부부가 귀엽기도 하네." 하셨다. 그 뒤로 아이를 데리고 가서 그때 기억을 다시 떠올려보니 그때는 우리가 귀엽다는 소리를 들을 정도로 젊었구나 싶었다. 온돌방에서 신랑이 맥주 마시고 대자로 누워 자면서 엄청나게 코골던 일을 얘기하면서 웃기도 했다.

한 달에 한 번 정도는 각종 전시회에 간다. 서로의 관심사가 다르지만 사진, 회화, 골고루 보러 다니려고 했다. 아이가 태어나서도 같이 데리고 갔더니 조금 크자 자기가 좋아하는 전시회를 골라서 보러가자고 했다. 그때 샀던 작은 기념품들을 보는 날은 그날 얘기도 하고 아이는 그림으로 그 느낌을 남기기도 한다.

이런 작은 의식들은 두 사람이 만들려면 얼마든지 있을 것이다. 주말에 같이 좋아하는 운동하기, 같이 산책하고 카페에서 차 한잔 하기, 한 달에 한 번은 밖에서 따로 만나서 새로 유행하는 음식점이나 카페에 가보기 등등 말이다. 나는 주로 홍대 앞에 새로 생긴 커피숍이나 맛집을 갔다. 가로수길도 자주 갔다. 요즘도 남편은 책까지 사서 서울의 골목 어딘가에 이름 있는 맛집이나 카페를 찾아 예약해두고 가자고 한다. 명절에는 시댁에 가서 아이를 맡기고 둘이서 영화를 보는 날로 정했다. 처음에 꼬맹이한테는 엄마 아빠가 서로 약속이 있어 따로 나가는 것처럼 했었다. 같이 나가면 따라 가겠다고 떼를 쓸까 봐 그랬다. 아이가 4살쯤 되었을 때 영화를 보고 오니 어머니가 애기가 다 알고 있다고 하신다. 혼자 놀다가 이렇게 얘기하더라는 것이다. "둘이 만나서는 영화 보러 간 거네~" 그 뒤로는 당당하게 둘이 같이 영화를 보러 나가는데 자기도 그러려니 하고 할머니랑 잘 놀겠다고 했다. 그때 일을 생각하면 웃음이 절로 난다. 남편은 마치 007작전이라도 하는 듯 연기하느라 애를 썼었다.

남편이 기쁠 때는 아내가 웃을 때라고 했다. 배우자를 웃게 만드는 유머러스한 사람이 되도록 해보자. 타고난 성격이 유쾌한 사람도 있다. 그러나 유머러스한 면도 개발하는 것이다. 남편도 혼자 자라 외동이라는 선입견을 보이는 친구들이 있었다고 했다. 그래서 좀 재미있는 사람이 되어야겠다는 생각에 철이 들고부터 유머를 연습했다고 한다. 개그 프로를 보고 웃기는 말투나 행동도 따라해보고 자신의 스타일로 바꿔보기도 했다고 한다. 요즘도 재미난 말을 듣거나 웃기는 행동이 있으면 반드시 따라해보고 나에게 적용하려고 애쓴다. 그럴 때는 리액션이 중요하다. 잘 받아주면 점점 더 좋아진다. 나의 리액션이 시원찮으면 딸에게 해본다. 딸은 아빠가 하는 행동은 깔깔 넘어가게 재미있어 한다. 그러면 역시 "리액션이 좋아." 그런다. 그러면서 자기가 원래는 점잖은 사람이었다고 시치미를 떼기도 하는데 좀 믿기가 어렵다.

나도 중학교 때는 내성적인 성격이라 친구들과 두루 어울리지 못했다. 중2 때 아주 재미난 친구와 짝이 되었다. 그 친구의 말과 행동은 항상 웃겼다. 집안의 막내였던 그 친구는 구김살이 없고 항상 긍정적이었다. 언니 오빠에게 놀림당한 일도 유머를 섞어 친구들을 웃게 만들었다. 이 친구는 똑같은 이야기를 해도 남을 웃게 만드는 제주가 있었다. 그래서 그런지 나도 좀 유머러스해지고 교우 관계도 즐거워졌다. 친구들은 우리 둘이 있으면 아웅다웅하는 모습이 재미있다고 했고 그런 우리도 서로 행복했다. 이렇게 유머는 인간관계도 부드럽게 해주고 다른 이들에게 즐거운 기분을 전달시켜준다.

대개 주변에서 결혼생활에 관한 부정적인 이야기들을 많이 한다. 그리고 근거 없이 떠돌아다니는 이야기들도 있다. 결혼 초에 기선을 잡아야 한다, 배우자 자랑을 하면 팔불출이다, 잡은 물고기에는 밥을 안 준다, 등등의 이야기들이다. 그러나 이런 부정적인 이야기들에 귀 기울일 필요 없다. 누구나 각자의 개성이 있고 살아온 환경도 다르다. 부부관계도 각 가정이 다를 수밖에 없다. 각 부부의 스타일대로 하면 된다. 다른 가정의 사례나 잘못된 이야기를 자신의 가정에 대비시킬 필요는 없다. 신혼 초에 기선 잡는다고 다투지 말고 서로의 취향이 어떤지, 상대방이 어떻게 하면 좋아하는지 알아두고 그 일을 함께하는 시간을 만들어 두는 것이 더 좋다. 부부 사이가 좋으면 사사로운 일은 서로가 더 하려고 애를 쓰게 마련이다. 그리고 친구들한테 가방 자랑, 옷 자랑은 하면서 남편 칭찬을 하면 안 되는 이유가 있을까. 서로 칭찬해주고 북돋워주는 습관을 들이는 것이 행복으로 가는 방법이다. 가까이 있는 사람이 우리에게 더 소중하고 고마운 이들이다. 가족에게 더 고마워하고 먹을 것 하나라도 더 챙겨줘야 하는 것이다. 어느 하나도 당연한 것은 없다. 함께 준비하고 작은 것들이라도 행동해야 행복이 온다.

05

서로의 꿈을 공유하라

"오늘 좋은 꿈을 꾸었나요."

"무떠운 꿍 꿨떠… 하루에 미술관 세군데 가는 꿈. 제발 자기야 하루에 한 군데만 가자~"

남편의 꿈은 세계여행을 가는 것이었다. 그래서 우리는 1년 가까이 같이 여행을 갔다 왔다. 여전히 남편은 새로운 여행을 가려는 꿈을 가지고 있다. 다음 목적지는 아메리카 대륙과 아프리카다. 10년 후쯤엔 그곳 어딘가에 가 있는 것을 상상하며 꿈속에 빠져들면 나도 행복해진다. 그때는 더 나이도 들고 몸도 예전 같지 않을 것이다. 그래서 그때를 대비해서 건강에 더 신경 쓰고 노화 방지 시스템을 가동하려고 준비 중이다. 그리고 4~5년 안에 남편은 작은 전원주택에서 살고 싶어 한다. 아이가 조금 더 크면 비싼 서울 전세를 빼서 교외로 가면 어떨까 하고 나에게 의견을 물었다. 물론 아이의 교육을 생각하면 당분간 어딘가로 움직일 수가 없다는 것을 알기에 결정은 할 수가 없다. 하지만 남편은 틈만 나면 방법을 모색 중인 것 같았다. 전원주택 관련 프로그램만 보면 열심히 보고 있다. 소목장일을 배워서 작은 소품 가구들을 만들고 싶기도 하다고 했다.

얼마 전 같이 일하는 선생님의 아버지가 충청도 시골에 땅을 사서 내려가셨다는 얘기를 들었다. 그런데 그분의 어머니는 서울에 그냥 계시기로 했단다. 시골생활이 힘들다고 가끔 내려가 보시기만 한다고 했다. 그것도 한 방법이라는 생각이 들기도 했다. 그러나 나는 전원생활이 기대되기도 한다. 시골에서 자랐기 때문에 시골살이의 불편함도 안다. 하지만 전원의 산과 들이 가지고 있는 작은 매력들은 아는 사람만 안다. 그래서 여건이 된다면 흔쾌히 같이 가서 가꾸고 살고 싶다. 시골에서 살아보지 않은 남편은 막연한 기대만 하고 있는 것 같다. 그래서 내가 시골살이의 어려움에 대해 살짝 겁을 주기도 하는데 마음이 변하지 않는 것으로 봐서는 언젠가는 이루어지게 도와줘야 할 것 같다.

우리는 거의 서로의 꿈이 비슷한 것 같다. 나는 글을 쓰고 싶어 했다.

글을 쓰지 않고 있을 때, 남편이 글을 쓰고 싶어 하고 책도 많이 읽으면서 왜 글을 안 쓰냐고 도와주겠다고 했다. 하지만 글 쓰는 것이 생각보다 쉽지가 않아서 그냥 미루고만 있었다. 그러던 중 나는 〈한책협〉을 알게 되었고 글쓰기를 배우기 위해 수강 신청을 했다. 남편은 잘 했다고 응원해주었다. 그리고 지금은 내가 글을 쓰는 동안은 아이와 잘 놀아주면서 잘 참아주고 있다. 실은 남편이 글을 쓰면 더 잘 쓸 것 같기도 한데 자기의 꿈은 그게 아니라고 한다. 그러고 보면 꿈이란 가진 재주와는 상관이 없는 것 같다. 어떤 사람들은 뛰어난 재능이 있어 그 재능을 감추려해도 감출 수가 없는 경우도 있다. 그런 경우를 제외하면 꿈의 성취 여부는 자신이 가지고 있는 약간의 재능보다는 하고자 하는 의지가 더 중요한 것 같다. 꿈을 가지고 그 소망이 이루어지기를 바라는 의지와 실천이 꿈에 가까워지는데 더 필요한 것일지도 모른다. 나는 재능은 없지만 막연히 쓰고 싶다는 열망은 충분했다. 시작이 반이라고 하니 열심히 노력 중이다.

나는 미술관에 가서 그림을 보는 것을 좋아한다. 그림을 보고 있으면 기분이 좋아지고 행복한 느낌이 든다. 그림들 중에는 장난스럽고 천진난만한 어린이의 순수한 마음을 보는 듯한 작품들도 있다. 때로는 지친 마음에 위안을 주기도 한다. 어떤 경우에는 마음속에 숨겨져 있던 아름다움에 대한 감각을 일깨워 무한한 감동을 주기도 한다. 마드리드를 여행하던 중 산 페르난도 왕립미술관이라는 작은 미술관에 들어섰다. 조용하게 그림을 감상하던 중 유난히 눈길을 끄는 그림이 있어 나도 모르게 그 앞에 멈춰 섰다. 스페인 화가인 eugenio caxes가 그린 그림으로 '골든게이트에서 포옹'이라는 그림이었다. 처음에는 무엇을 뜻하는 그림인지 알지 못하고 그 그림을 보았다. 간단한 설명을 보니, 요아힘(joachim)과 안나(anna)는 나이가 들어서도 자식이 없었고 이웃들로부터 조롱을 받아왔다. 요아힘이 들판을 떠돌던 중 천사의 말을 듣고 돌아와 안나와 만나는 장면을 그린 그림이었다. 이들은 나중에 성모 마리아의 부모가 된다는 내용이었다. 그때까지 아기가 없었던 나는 무의식중에 그 그림에 끌린 것인지, 그 그림이 자식을 기다리는 부부의 마음을 진정으로 표현한 것이라서 그런 건지는 알 수 없었다. 어느 경우든 그 그림은 내게 큰 감동을 주었다. 많은 사람들이 예술과 아름다움에 대해 정의 내리려고 노력을 한다. 단순히 생각해보자. 아름다운 예술 작품을 보면 어떤 느낌이 드는가? 나는 우리에게 기쁨을 주고 행복한 마음이 들게 하는 것이 아름다움이라고 결론 내리고 싶다. 나는 전 세계 미술관을 구경하고 싶다. 아름다운 그림도 감상하고 그 풍요로운 느낌이 그대로 살아 있는 미술관 카페에서 차도 마셔보고 싶다. 상상만 해도 너무 행복한 기분이 든다. 그림은 우리에게 행복한 기운을 전해준다. 이는 그림뿐만이 아닐 것이다. 스페인의 천재적인 건축가 가우디의 건축물들을 보면 마치 어린 시절로 돌아가 아무런 걱정 없이 산과 들을 뛰어놀 때의 순순하고 밝은 기운과 함께 상상의 나라로 가 있는 듯한 기분을 동시에 준다. 그의 작품은 자연에서 그 모티브를 많이 가져왔다고 한다. 그래서인지도 모르겠다. 거장의 숨결과 함께 천진난만한 순수함이 함께 느껴지는 것이다. 이렇게 예술 작품은 우리에게 또 다른 행복과 영감을 준다. 그런데 남편은 미술관 가는 것은 별로 좋아하지 않는다. 미술관 가서는 미술가들이 얼마나 오래 살았는지 계산해보면서 화가들이 대체적으로 오래 사는 것 같다며 부러워한다. 자기에게 3일간의 시간과 먹을 것을 주면 어떤 작품이든 당장 만들어 보이겠다고 한다.

"부의 격차보다 무서운 것은 꿈의 격차이다. 불가능해 보이는 목표라 할지라도 그것을 꿈꾸고 상상하는 순간 이미 거기에 다가가 있는 셈이다." 앨버트 아인슈타인이 한 말이다. 작은 성공은 노력하면 이룰 수 있다. 작은 성공의 가치를 낮게 평가해서 하는 말이 아니다. 꿈에 기반을 둔 성공은 그 크기를 떠나 우리에게 측정할 수 없는 가치와 만족을 줄 것이다. 꿈을 좇는 사람은 현재의 물질적인 가치를 따지지 않는다. 마음의 가치를 더 중요하게 생각한다.

서로의 꿈을 공유하고 준비하고 나아가는 과정은 즐거운 일이다. 그 속에 행복이 있다. 이 과정에서 서로 깊이 대화하고 서로의 꿈을 들여다보면서 서로에 대해 더 깊이 이해하게 되는 것이다. 결혼을 하고 나면 꿈은 접어 두고 사는 경우가 많다. 또는 서로에게 꿈을 숨기도 사는 경우도 있다. 자신의 꿈을 드러낼 용기가 없기 때문일 수도 있다. 상대방이 받아들여주지 않거나 이해해주지 못할 것이라는 두려움 때문일 것이다. 하지만 일단 얘기해보는 것은 어떨까. 남편도 아내도 서로가 얘기해주기를 기다리고 있을 수도 있다. 어느 모임에서든 누군가 한 사람이 마음을 터놓고 얘기하고 나면 너도 나도 기다렸다는 듯이 이야기하기 시작한다. 서로가 그 동안 못 이룬 꿈을 이때다 싶어 마구 꺼내놓을 수도 있다. 그 중에 엄청난 보석이 숨겨져 있을지 누가 알겠는가. 그 안에 그동안 숨겨져 있던 재능이 쏟아져 나와 엄청난 성공의 빛을 발하게 될지도 모른다. 오늘 당장 서로의 보따리를 풀어보자. 그동안 꽁꽁 숨겨두었던 꿈 보따리를 풀어보자. 생각만 해도 즐겁고 흥분되지 않는가. 그 보따리가 어떤 결혼 예물, 예단보다 값진 것일 수도 있다. 서로의 꿈을 펼쳐놓고 머리를 맞대고 즐거운 상상을 하는 우리 모두는 정말 행복한 부부이다.

06

부부가 함께 특별한 여행을 떠나라

돈키호테의 간절한 부탁과 설득과 약속으로 결국 이 가엾은 자는 돈키호테의 종자가 되어 집을 나가기로 결심하게 되었다.

"편력기사 나리, 제게 약속한 섬 이야기를 잊으시면 안 됩니다요. 아무리 큰 섬이라도 전 문제없이 다스릴 수 있거든요."

– 세르반테스, 『돈키호테』

그렇게 우리는 여행을 떠났다. 남편이 병원을 판 돈과 나의 병원 보증금 남은 돈으로 여행경비를 마련했다. 나는 만약 결혼을 하지 않는다면 미국으로 가고 싶었다. 그리고 어학연수도 가고 싶었다. 스페인어든 영어든 배우고 싶었다. 남편도 대학 다닐 때 어학연수 가는 친구들이 부러웠던 적이 있었다고 했다. 그래서 영국 여행도 하면서 런던에서 영어 어학연수를 6개월 정도 가기로 계획했다. 어린 학생들과 어울려 공부한다는 것이 쉬운 일은 아니었다. 학업 성취도가 문제가 아니었다. 나이 많은 어른들이 거기 앉아 있는 것 자체가 어색했던 것이다. 그래도 우리는 마치 대학교 캠퍼스에서 연애하는 기분이었다. 나는 대학교를 다닐 때 연애 한 번 해보지 못했다. 그런데 '착하고 유머러스한 남자가 내 애인이라니 그때 연애 못 해본 것을 이렇게 보상받는구나.'라고 속으로 생각했다. 그리고 오전에 학원이 끝나면 둘이서 매일같이 템즈 강변에 있는 작은 펍으로 갔다. 맥주를 종류별로 마셔보면서 맛을 평가했다. 흐르는 강물 위로 쏟아지는 햇살을 보고 있으면 시간이 멈춘 듯 행복했다. 지금도 그 강변에 비쳐드는 햇살이 내 가슴속에 고스란히 남아 있다. 역시나 작은 기념품들을 사러 다니고 예쁜 카페들도 찾아 다녔다. 런던에는 유난히 정원이 많았다. 날씨 좋을 때는 드넓은 정원을 산책했다. 하이드파크, 세인트제임스파크, 햄스테드히스 등등 그 크기도 엄청나다. 저녁에는 작은 재즈 바나 작은 공연을 하는 살롱에 가서 늦게까지 놀다 오기도 했다. 주말에는 근교로 여행을 갔다. 그 당시 영국은 예매를 일찍 하면 기차 값이든 비행기 값이든 아주 싸게 구매할 수 있었다. 옥스퍼드, 코츠월드, 캔터베리, 요크 등의 고풍스런 도시들은 마치 시대를 거슬러 올라간 듯

했다. 그리고 6개월 뒤에는 런던에서 짐을 정리하고 본격적인 세계여행을 위해 터키로 떠났다. 그리고 나머지 6개월 동안 사이좋게 큰 사고 없이 여행을 했다. 정말로 아름다운 추억을 가득 담아 돌아왔다. 서로에 대해도 더 깊이 있게 알게 되었고 더 깊이 아끼고 사랑하는 마음을 가지고 돌아왔다.

이런 아름다운 추억은 긴 인생의 행복보험을 든 것과 같은 효과를 발휘했다. 서로 어려운 일이 있거나 힘들 때 이 추억들이 우리를 위안해주고 지친 마음을 치료해준다. 10여 년이 지난 지금도 그때를 생각하면 "그때 너무 좋았지."라고 얘기하며 그때의 행복한 추억 속에 빠져든다. 여행 경비는 생각보다 많이 들지 않았다. 둘이 다녀서인지 잠도 편히 자고 먹는 것도 고민하지 않고 먹을 수 있었다. 혼자 다닐 때와는 완전히 달랐다. 좋은 것을 보면 같이 나눌 수 있어 더 좋았다. 맛있는 음식을 먹을 때도 더 즐겁게 눈치 보지 않고 먹었다. 그리고 같이 여행을 다니면서 많은 아이디어가 떠올랐다. 살아가는 데 필요한 아이디어와 잘 이용하면 돈을 벌 수 있는 아이템들도 떠올랐다. 그러나 무엇보다도 행복했던 일은 둘이 함께할 수 있었다는 것이다.

여행을 가보면 상대방의 새로운 모습을 볼 수 있다. 살다가 이런저런 돌발 상황이 발생했을 때 어떻게 대처하는지 볼 수 있다. 그때의 일을 참고삼아 서로 조언을 해주고 수정할 수 있다. 어쩌다 둘이 싸워도 같이 다녀야 하기 때문에 참는 법과 화해하는 법도 배운다. 화가 나는 일이 있을 때 어떤 스타일로 반응하는지 어떻게 하면 쉽게 풀어지는지 알 수 있다. 돈에 대해 어떤 생각을 갖고 있는지도 알 수 있다. 삶의 여유는 어떻게 찾는지도 알 수 있다. 여행 다닐 때 숙소는 저렴한 곳을 예약했지만 일주일을 기준으로 한 번 꼴은 여독을 풀 수 있는 괜찮은 호텔을 예약했다. 각자가 어떤 일을 잘하는지 알 수 있고 업무 분담도 했다. 숙소 예약은 주로 내가 했고, 현지에서 필요한 것들을 수소문하는 일은 사교성이 좋은 남편이 했다. 남편의 사교성은 국제적으로도 통하는 듯했다. 길게는 아니더라도 부부가 함께 여행해보는 것을 강력히 추천한다. 돈은 뜻만 있다면 마련할 수 있다. 경제적인 문제에 대해서도 새로운 아이디어나 아이템을 얻어올 수도 있다. 물론 그것은 덤으로 여기고 두 사람간의 즐거운 추억 만들기만 해도 후회 없는 여행이 될 것이다.

여행은 산해진미 진수성찬이 차려진 만찬 파티장과 같다. 우리의 오감을 고루 만족시켜주는 것이 여행이다. 감각으로 기억된 기쁨은 그 감각이 미치는 때의 어느 순간 또 다시 그때의 느낌을 떠올리게 해준다. 모든 감각이 충족되는 순간 넘치는 기쁨은 잊을 수 없는 행복의 순간을 우리에게 선물해준다. 행복을 만끽하려면 여행을 떠나는 것도 한 방법이다. 그 여행 후 우리에게 남은 돈은 없었다. 거의 땡전 한 푼 없이 돌아왔다.

처음 한두 달은 시댁에 들어가 살았다. 우리의 돈키호테 님이 돌아와서는 열심히 일해서 행복한 가정의 한자리를 마련해주기로 약속했으니까, 믿고 따라주는 것이 산초의 의무이니까 말이다. 처음부터 새로이 시작해야 했다. 여행을 가지 않았다면 좀 더 일찍 안정적인 생활을 했을 수도 있다. 그리고 더 많은 부를 이룰 수 있는 기회를 얻었을 수도 있다. 그러나 우리의 결정에 전혀 후회는 없다. 나는 지금도 그런 제안을 한 남편에게 고맙게 생각한다. 남편도 자기를 믿고 따라준 것에 대해서 나에게 고맙게 생각한다. 봉직을 하고 남편은 고되지만 열심히 일해야 했다. 월급만 받고 살 수 없었기 때문에 종자돈을 빨리 마련해야 했기 때문이다. 하지만 긴 여행으로 인생의 새로운 활력과 기쁨을 얻어 즐겁게 일하고 부지런히 생활했다. 그러던 중 우리에게 또 커다란 행복이 찾아왔다. 원하던 아기가 찾아온 것이다. 마음속에 많은 행복을 담은 것을 알고 아기가 찾아온 듯 했다. 그래서 그 동안의 여행은 또 다른 행복을 위한 준비였다고 생각하게 되었다.

이제 우리는 현재의 삶을 잘 이겨내고 자녀가 자립할 수 있는 나이가 되면 또 다시 여행을 떠나기로 약속했다. 아메리카 대륙과 아프리카 대륙을 여행해보려고 한다. 처음 우리의 여행은 행복을 찾아 떠난 여행이었다. 다음의 여행은 행복을 싣고 떠날 것이다. 그 여행은 우리에게 또 어떤 행복에 대해 알려줄지 기대가 된다. 정신없고 팍팍한 하루하루지만

다가올 여정을 생각하며 즐겁게 보내려 애쓰고 있다. 우리의 인생도 여행과 같다는 생각을 많이 한다. 혼자 하는 여행보다는 함께 하는 여행이 더 풍요롭고 행복했다. 즐길 때는 즐기더라도 다음 목적지를 향해 가야 할 때는 새벽 기차를 타야 할 때도 있고 밤을 새워 가야 할 때도 있다. 계획했던 곳에 가지 못해 다른 곳으로 가야 할 때도 있다. 날씨가 좋을 때도 있지만 비가 오고 눈이 내리고 추위를 견뎌야 하는 때도 있다. 낯선 곳에서 오로지 운에만 맞기고 가야 하는 때도 있다. 하지만 그 모든 어려운 순간들, 난감한 순간들은 둘이 있어 덜 힘들고 쉽게 해결할 수 있었다. 그리고 그 순간들을 제외한 대부분의 시간들은 잊을 수 없이 아름답고 행복한 시간들이었다. 베니스의 밤거리에 울리던 발자국 소리, 홍해 바다의 푸른 빛, 사하라 사막의 작열하는 태양, 마라께쉬 광장의 이국적인 열기, 산토리니의 석양… 여행은 또 다른 인생을 맛볼 수 있는 무대이며 행복의 문을 여는 열쇠이다.

우리의 인생은 기나긴 여행과 같다. 흥미로운 일도 난감하고 당황스러운 일도 겪을 수 있다. 결혼도 마찬가지로 긴 인생의 여정 중의 한 부분이다. 한 번뿐인 우리 인생은 되돌릴 수도 없고 연습이란 것도 없다. 그러나 그중에 부부가 함께 작게 떠나는 여행은 길고 고된 인생 중에 잠시나마 휴식을 주는 그들만의 인생 연습이고 그들만의 단란한 무대이고 그들만의 행복한 파티이다.

07

부부 사이에도 행복 공부가 필요하다

어둠 속을 더듬어 옆방을 지나서 서둘러 침구를 찾아 깔고 그 위에 몸을 던졌습니다. 아, 억울한 일로 속이 상하면 침대에 누워 엉엉 울며 잠들 수 있었던 어렸을 때가 얼마나 좋았던지! 나를 정말로 사랑해 주는 사람은 나 자신뿐인 거 같아요. 이런 외로움은 또 얼마나 가슴 아픈지! 외로움에 지쳐 울고 있을 때 내 흐느낌과 신음소리에 귀를 기울이고 도와줄 사람은 여러분뿐이네요.

– 오르한 파묵, 『내 이름은 빨강』

『내 이름은 빨강』의 여주인공 세큐레가 아버지와 이혼과 결혼에 대해 이야기하고 나서의 결과이다. 세큐레의 아버지는 딸을 사랑한다는 명분하에 딸의 이혼과 새로운 결혼을 허락하지 않는다. 세큐레는 그 사실이 화가 났지만 그녀를 울분에 빠지게 한 것은 화가 났음에도 한마디도 할 수 없었다는 사실이다. 나를 낳아주신 부모님이 내 마음을 알아주지 못할 때 아주 섭섭한 마음이 많이 든다. 적어도 부모님은 내 마음을 충분히 알아주실 만하다고 생각하기 때문이다. 그러니 내 자신조차 내 마음을 알아 적절히 행동하지 못했다면 이렇게 화가 나기 마련이다. 우리는 대개 가까운 사람은 자신의 마음을 헤아려주길 바란다. 그러나 말을 하지 않으면 무슨 수로 이해를 하겠는가. 자신의 마음도 잘 몰라 갈팡질팡하지 않는가.

상대방에 대해 알려면 서로 대화를 해야 한다. 또 상대방이 하는 말을 귀담아 들어줘야 한다. 그래야 서로에 대해 알 수 있는 것이다. 부부간에 서로에 대한 공부는 이런 대화를 통해서 하는 것이 가장 좋은 방법이다. 그리 어렵고 힘든 일도 아니지 않는가. 물론 자주 반복 학습해야 하고 배운 것이 있으면 바로 알려주고 실천해야 한다. 아내가 뭔가 필요한 것이 있다면 선물해주고 남편이 먹고 싶은 것이 있으면 대접해주어야 한다.

어떤 미래학자가 이야기했다. 앞으로는 한 가지 직업만으로는 살 수 없다. 2~3가지 일을 한꺼번에 같이 해야 할 수도 있다. 그러니 끊임없이 공부해야 한다. 그 어느 때보다 공부가 중요하다고 말이다. 그렇다면 당장 공부하도록 하자. 행복에 대해서, 그리고 사랑에 대해서, 또 아내와 남편에 대해서 공부하자.

사랑받고 싶다면 사랑하라. 그리고 사랑스럽게 행동하라.

– 벤저민 프랭클린

인(仁)이란 사람을 사랑하는 것이다.

– 공자

믿음, 소망, 사랑, 이 세 가지는 항상 있을 것인데 그중의 제일은 사랑이라.

– 고린도전서 13장13절

그녀는 너무나 아름다웠고, 매력적이었으며
보통 사람들과는 너무나 달라보였다.
그래서 그는 그녀의 구두가 딱딱거리면서 돌길 위를 걸을 때
왜 아무도 자기처럼 정신을 잃지 않는지,
그녀의 베일에서 나오는 숨소리에 왜 아무도 가슴 설레지 않는지,
그녀의 땋은 머리가 바람에 휘날리거나 손이 공중으로 날아오를 때

왜 모든 사람들이 사랑에 미치지 않는지 이해할 수 없었다.

– 가브리엘 가르시아 마르케스, 『콜레라 시대의 사랑』

사랑에 빠져 결혼했다. 그러나 사람들은 사랑에 유효기간을 이야기한다. 내 마음에 유효기간이 없다면 사랑에도 유효기간이 없다. 이토록 아름다운 사랑의 이야기가 있지 않은가.

사랑도 다시 채워주고 사랑도 마음에 자주 새기면 내 마음이 다하지 않는 한 유효기간이란 없다. 그러나 사랑은 항상 함께하는 것만이 사랑이 아니다. 믿음이 충분하다면 떨어져 자기만의 시간을 주고 상대와 자신을 돌아볼 시간을 주어야 한다. 그래야 그 사랑의 충만함이 어떤 것인지 더 깊이 알 수 있게 된다.

마틴 셀리그만은 긍정 심리학자다. 그는 매일 그날 있었던 좋은 일, 좋은 생각을 종이에 적었다. 이것만으로 행복해진다고 했다. 행복한 일은 서로에게 알려주자.

남편은 아주 사소한 것들도 큰일인 것처럼 뜸을 들여가며 알려준다. 잔뜩 기대를 하고 들어보면, '에게~' 싶은 것들이지만, 나를 기쁘게 해주겠다는 마음이 가상하고 늘 기뻐하는 그의 모습에 웃음이 나기도 한다.

행복은 그대가 생각하고 말하고 행동하는 것이 서로 조화를 이룰 때 찾아온다.

– 간디

가정은 행복을 저축하는 곳이지 행복을 캐내는 곳이 아니다. 얻기 위해 이루어진 가정은 반드시 무너지고, 주기 위해 이루어진 가정은 행복하게 된다.

– 우찌무라 간조

행복을 자가 자신 이외의 것에서 발견하려고 애쓰는 사람은 어리석은 사람이다. 현재의 생활, 또는 미래의 생활, 그 어느 것에 있어서나, 자기 자신 이외의 것에서 행복을 얻으려는 사람은 그릇된 사람이다.

– 소크라테스

나는 아버지를 좋아하고 존경하기도 했지만 원망도 많이 했다. 가정 형편이 어려운 것이 아버지의 나태함 때문이라고 생각했다. 그것을 어머니는 법도 없이 살 분이고 물질에 욕심이 없는 종교인과 같은 분이라 그렇다고 하셨다. 몇 년 전 아버지가 돌아가시고 나니 아버지에 대한 추억이 별로 없는 듯했다. 지금 내 딸을 보면 너무나도 사랑스럽고 딸과 함께 한 모든 일들이 나의 기쁨이다. 나의 눈은 사랑으로 가득 차서 흘러넘칠

듯이 내 딸을 바라본다. 그러다 문득 아버지도 나를 이렇게 바라보셨을 텐데 하는 생각이 들어 눈물이 흘러넘친다. 아주 어릴 때 어렴풋이 아버지의 회사에 찾아가려다 길을 잃었던 기억이 나고 아버지가 어딘가를 가실 때마다 나를 데리고 가셨던 것 같다. 어머니와 대화하실 때 나의 어린 시절의 사소한 것까지 이야기하시던 기억이 난다. 그 많은 시간 동안 이런 것들 외에 기억나는 추억이 별로 없다. 나도 힘들었지만 그 시절을 견뎌야 했던 아버지는 얼마나 고통스러웠을까. 아버지에 대한 원망은 사라진 지 오래다. 다만 행복했던 날 아버지와의 추억이 별로 남아 있지 않은 것이 안타까울 뿐이다. 그래서 나는 딸에게 줄, 행복의 책을 매년 만들고 있다. 하고 싶은 말들, 같이한 시간들, 즐거웠던 순간, 작은 사진들을 모은 책이다. 먼 곳에서 찾을 필요가 없다. 내 가족과 함께한 모든 순간들이 기쁨이고 행복이다. 나만의 행복의 책을 만들자. 행복했던 일, 행복한 글귀 등을 간직해보자. 가족의 행복의 책도 만들어보자. 행복했던 순간, 즐거웠던 순간들을 기록한 책들은 훗날 우리가 매번 꺼내 맛볼 수 있는 행복의 꿀단지가 될 것이다. 또 행복은 내 마음의 크기처럼 무한한 것이다. 행복은 매일같이 솟아나는 마르지 않는 샘물이다. 내가 찾기만 하면 되는 언제든지 마른 목을 시원하게 축여줄 수 있는 샘물과 같다.

서로를 좀 더 사랑하고 좀 더 행복하게 해줄 방법들을 생각해보자. 결혼생활에서 행복과 사랑이 마르지 않고 흘러넘칠 것이다.

08

부부의 행복 버킷리스트를 만들어라

버킷리스트란 목표 달성을 위한 여러 가지 방법들 중에 하나이다. 다른 방법들에 비해 재미도 있고 쉬운 방법이다. 그러면서도 성취 효과가 꽤 크다고 하며, 적는 것만으로 그 효과가 발생한다고 하기도 한다. 목표가 이루어졌을 때를 상상하면서 리스트를 적다 보면 구체적인 계획이 떠오르기도 한다.

우리는 항상 다른 일에 매달려 자신의 꿈과 소망과는 멀어지는 삶을 살고 있다. 하고 싶은 마음은 있어도 다른 것으로 만족하면서 적당히 타협하거나 바쁘다는 핑계로 뒤로 미루기만 한다. 그러다 보면 우리에게 남은 시간은 얼마 남지 않게 된다. 영화 〈버킷리스트〉는 우리의 이러한 삶은 되돌아보게 해주는 영화로 버킷리스트란 말이 유행하게 했다.

작성법은 자기 스타일대로 하면 된다. 일단 적어야 한다. 근사하게 적겠다고 생각할 필요도 없다. 순서에 상관없이 떠오르는 대로 적으면 된다. 그 뒤에 우선순위를 정해 하나씩 지켜나가면 된다. 남의 버킷리스트를 보는 것도 재미있을 뿐더러 참고가 된다. 그리고 결과를 상상하면서 적으면 더 효과적이다. 하고 싶은 것, 갖고 싶은 것, 되고 싶은 것, 이루고 싶은 것 등으로 해도 된다. 하나씩 이룰 때마다 성취욕도 올라가고 또 다른 목표를 위한 동기 부여가 된다. 하나씩 지워가는 기쁨도 크고 자신감도 생긴다고 한다. 그리고 기한을 정해두어야 한다. 기한이 없는 목표는 의미가 없다.

부부의 꿈의 버킷리스트를 만들어보자. 가족 모두의 버킷리스트도 좋고 각자의 버킷리스트로 좋다. 우리 인생은 항상 풍요롭고 조화로울 때 행복을 느끼고 만족감을 얻게 된다. 살아가는 데 있어 조화롭기 위해 사람들은 여러 가지 방법들을 생각해냈다. 특히 유명한 동기부여가들은 나름의 방법들을 실천하고 다른 사람들에게 그 방법들을 소개하고 있다. 그들의 방법을 참고해도 되고 나름의 방법들을 하나씩 생각해보는 것도 좋다고 본다. 건강, 일, 관계, 재정 등으로 구분해서 이야기하는 사람들도 있었다. 나는 우리 인생에서 시각, 촉각, 청각, 미각, 후각 5가지 감각을 중요하게 생각하게 되었다. 이런 감각들이 골고루 충족되었을 때 우리는 만족과 행복을 느끼기도 하는 것이다. 풍경, 그림, 사진 등과 같이 좋은 것들을 자주 보는 것도 필요하다고 본다. 그리고 촉각을 만족시켜주는 것들도 포함시키자. 이런 것에 요리가 포함되면 촉각뿐만 아니라 미각에도 도움이 되므로 온가족이 같이 간단한 요리를 해보는 것도 즐거운 일일 것이다. 얼마 전 눈이 많이 왔었다. 여러 사람들이 눈 때문에 고생을 많이 했다. 그런데 밖으로 나가보니 동네 꼬맹이들이 다 나온 듯했다. 다들 신이 나서 늦은 시간인데도 눈 속을 신나게 뒹굴고 놀았다. 하얀 눈의 차갑지만 보드랍고 폭신한 느낌은 또 다른 즐거움을 주었다. 그날은 엄마 아빠들도 신이 나서 눈을 즐기고 있었다. 청각은 음악을 듣거나 조용한 계곡 속에서 흐르는 물소리, 바람 소리, 새 소리들에 귀 기울여 보는 것도 좋을 것이다. 우리 꼬맹이는 도심에 살면서도 새 소리를 구분해서 듣고는 내게 어떤 새의 소리냐고 물었다. 아파트 주변을 걸을 때마다 반복해서 이야기하다가 그 새의 정체를 밝혀냈다. 이름은 알아내지 못했지만 내가 알고 있던 참새나 까치는 아니었다. 새로운 즐거움이었다. 어린아이들은 이렇게 작은 새 소리에도 흥미를 보인다. 후각은 집안에 좋은 향이 있거나 나만의 향기를 갖는 것도 한 방법이다. 때로 공기 좋은 곳의 자연의 향기도 우리를 행복하게 한다. 이렇게 소소한 감각을 만족시켜주는 것들을 기준으로 해서 가족과 함께 할 수 있는 목표를 정해보는 것도 좋을 것이다. 내가 〈한책협〉에 가입을 하고 보니 많은 사람들이 이 버킷리스트를 작성하고 그들이 이룬 목표들을 공유하고 있었다. 오래된 회원들 중에는 몇 년 전 만들었던 버킷리스트들 중의 많은 부분을 성취하고 새로운 목표를 알려오는 사람들도 있었다. 그래서 버킷리스트의 효과가 얼마나 큰지 실감하게 되었다. 적기만 했다고 이루어지는 것은 아니다. 다른 사람에게 알리고 이루겠다고 선포함으로 해서 그 동력이 더 커지는 듯했다. 그리로 서로 격려하고 이끌어주면서 목표에 빨리 도달할 수 있게 해주는 시스템의 효과도 있지 않을까 생각되었다. 당장 할 수 있는 것부터 적고 실천해나가 보자.

내가 꿈을 이루는 방법을 찾다 보니 몇 가지 공통점들을 볼 수 있었다. 내 나름대로 나에게 맞게 그것을 정리해보았다.

먼저 마음을 비워야 한다. 깨끗한 마음속에서 생각도 자라고 아름다운 상상을 펼칠 수 있다. 마음의 정화를 위해 나름의 방법을 준비하면 되지만 대개는 명상을 하는 사람들이 많았다. 그리고 생각을 변화시켜야 한다. 자신의 상상력과 마음에 한계를 지어서는 안 된다. 무한하다고 생각하고 마음껏 상상하고 꿈을 꾸어야 한다. 그리고 꿈과 목표를 선택하고 집중해야 한다. 구체적으로 적고 매일 읽거나 마음속으로 반복해서 다짐하고 소망해야 한다. 그리고 그 꿈의 목표를 이루기 위해 적극적으로 행동한다. 작게 시작하더라도 조금씩 더 나아지기 위해 노력해야 한다. 실천하지 않는 목표는 의미가 없다. 그리고 저항에 부딪히더라도 좌절하지 않고 강인한 힘으로 어려움을 극복해야 한다. 어떤 목표를 이야기했을 때 누군가는 그것이 허황되다고 말할 수 있다. 단호하게 무시하라고 이야기한다. 자신의 꿈을 무시하는 사람은 웬만하면 피하는 것이 좋다. 또한 그런 무시하는 말에 상처 입을 필요도 없다. 그리고 정신적 · 신체적으로 건강해야 한다. 육체적인 건강이 따르지 않는다면 어떠한 목표도 실천하기 어렵다. 그리고 마지막으로 성공한 사람들이 한결같이 한 말이다. 감사하고 베풀라는 것이다. 이들은 성공을 남에게 돌리고 베풀 때 더 큰 성공으로 보답받는다고 이야기 한다.

많은 사람들이 어느 순간부터 소원을 빌지 않고 지낸다. 말로만 '소원이다.'라고 말하고 말 뿐이다. 나도 마찬가지다. 그러나 순수한 어린이들은 산타할아버지에 대한 믿음으로 소원을 열심히 빈다. 우리나라 민속신앙에도 정화수를 떠놓고 신에게 정성스럽게 소원을 빌었다는 이야기가 있다. 소망을 하는 시간에는 몸뿐만 아니라 정신도 가다듬게 된다. 즉 어떤 일을 이루고자 할 때는 이렇듯 몸과 마음가짐이 우선시되어야 한다는 뜻이다. 그리고 그런 행위들이 소원을 이룰 때 일정 정도의 기여를 할 것으로 여겨진다. 우리가 신에게 빌 듯 그 일에도 정성을 기울이지 않겠는가. 그래서 각자의 소원을 비는 방법을 만들어서 일정한 시간에 지속적으로 실행해보는 것도 버킷리스트를 실천하는 데 도움이 될 것으로 본다. 신데렐라의 요정이 마법을 실행하기 전에 '비비디 바비디 부!'란 말을 외친다. 알라딘도 지니를 부르기 전에 램프를 세 번 문지른다. 우리도 소원을 빌기 전에 각자의 마법 주문을 만들어서 외쳐보는 것도 즐겁고 행복한 일일 것이라고 생각한다. 손뼉을 세 번 친다든지, '소원아, 이루어져라!'라고 외친다든지 하면서 말이다. 이런 의식을 통해 우울한 생각들, 부정적인 생각들은 떨쳐버리고 우주에 우리의 소망이 잘 전달될 수 있게 하는 것이다. 그리고 소원을 비는 의식의 중요한 효과가 또 있다. 우리가 살아가다 보면 현실적인 문제들 때문에 목표가 흔들리고 방해를 받게 되는 경우가 많다. 그러나 이런 반복적이 행위들은 흔들림이 없이 꿈과 목적을 잊지 않고 원하는 곳으로 가게 하는 마법의 주문과 같은 역할을 하는 것이다.

부부가 행복해야 가정도 원활하게 굴러간다. 두 사람이 행복할 수 있는 버킷리스트를 만들어 잘 적어두고 계획하고 수정하고 이루어졌을 때 같이 기뻐하는 시간도 가져보자. 지금부터 '소원아, 이루어져라~ 얍!' 하고 외쳐보자.

결혼과 함께
더 성장하라

01

결혼은 인생의 전환점이다

사람들은 성공과 부를 이루고 싶어 한다. 나도 마찬가지로 한때 성공과 명예를 얻고 싶었다. 그러면서 평범한 삶이 아닌 특별한 삶의 어딘가에 이런 모든 것들이 있다고 생각했다. 부모님의 평범한 삶은 가난한 삶으로만 생각했다.

단란한 가정을 이루고 평안한 삶을 사는 것을 진부하게 생각했다. 그러나 혼자 성공을 쫓아 열심히 살아봐도 특별한 것이 없었다. 오히려 자신에게만 집착하게 되고 다른 사람의 배려나 조언은 부담스럽게 여겨졌다. 하루하루가 의미가 없었고 성공을 잡아보겠다는 삶의 목적마저 무의미해지는 순간이 왔다.

인간도 자연의 한 부분이다. 자연에는 순리라는 것이 있다. 우리 인생의 순리란 어떤 것인가. 남녀가 사랑하고 결혼해서 자식 낳고 부모에게 효도하고 하는 것이 인생의 순리의 하나가 아닐까 한다. 그곳에 모든 것이 있다. 그곳에 모든 답이 있었는데 나는 그것을 모르고 순리를 따르지 않고 살았었다. 순리를 따른다고 해서 평범하기만 한 것은 아니다. 그 안에 성공이 있고 사랑도 행복도 명예도 진리도 다 있는 것이다. 남들과 달라 보이겠다고 특별해 보이겠다고 혼자 살아봤다. 물론 사람들이 나를 달리 보았다. 그것은 조금 별나다고 생각들 하는 것이었다. 그러나 그게 다다. 달라지는 것은 없었다. 결혼을 해도 달라지는 것은 없다. 결혼을 했다고 해서 누구도 평범하고 특별할 것 없는 사람이라고 하지 않는다. 오히려 요즘은 결혼을 하는 것이 별나다고까지 하는 세상이 아닌가? 나의 인생은 나를 위해 모든 것을 선택하는 것이다. 다른 사람에게 특별해 보이기 위해 결정하는 것은 자신을 기만하는 것이다.

인생에는 두 가지 비극이 있다. 하나는 자기 마음의 욕망대로 하지 못하는 것이요, 또 하나는 그것을 하는 것이다.

– 버나드 쇼

나는 혼자 살다가 외로움에 지쳐 쓰러지기 일보 직전 결혼을 결심하고 삶의 돌파구를 마련했다. 새로운 전환점이 된 것이다. 그리고 외롭던 나의 삶은 180도 달라졌다. 그동안의 어렵고 힘들었던 일들을 결혼이 한꺼번에 보상해준 것이다. 친구들은 그 나이에 결혼한 것 자체가 놀라운 일이라고 한다. 매일 새로운 일들의 연속이었다. 결혼과 함께 연애도 하고 세계여행도 다녔다. 탄생의 기쁨과 인내에 대해서도 알게 되었다. 그리고 그동안 모르고 지냈던 사랑과 행복에 대해 새로이 알고 배우게 되었다. 또한 잊고 지냈던 나 자신에 대한 성찰, 정신적인 성장에 대해서도 다시 한 번 고민하고 실천해보고자 하는 의지를 재확인하는 계기가 되었다. 너무 늦지 않게 결혼을 결정하게 된 것을 천운이라고 생각한다. 그리고 이기적이기만 하던 내가 누군가를 이렇게나 배려하고 아량으로 보게 될 줄은 몰랐다.

그리고 나는 글을 쓰게 되면서 또 다른 인생의 전환점을 맞이하고 있다. 단순히 책을 쓴다는 것 이상의 기쁨을 발견한 것이다. 〈한책협〉의 김태광 대표의 글쓰기 코칭은 글 쓰는 법에 한정되어 있지 않았다. 글을 쓰는 과정에서 나에게 마음의 중요성을 일깨주는 프로그램을 알게 모르게 가동시키게 했다. 그러면서 나는 삶을 대하는 태도도 바뀌게 되었음을 어느 순간 깨닫게 되었다. 그리고 서로 응원해주고 격려해주는 것이 얼마나 큰 힘이 되는지 알게 되었다.

그리고 마음과 생각의 변화가 가장 큰 성공의 원동력임을 깨닫게 되었다. 〈한책협〉의 모든 시스템 속에 녹아 있는 모든 것들이 성공의 계단이요, 열쇠임을 알게 되었다.

글을 쓰고 있는 동안 남편의 병원에 동파로 인해 물난리가 났다는 연락을 받고 아이와 함께 병원으로 출발했다. 피해가 어느 정도인지 걱정도 되고 조바심도 났다. 도착해보니 온 바닥이 한강을 이루고 있었다. 근처에 있는 직원이 마침 도와주러 나왔고 건물 관리하시는 분 두 분이 같이 도와주셨다. 어느 정도 정리되고 둘이 남아 나머지 물기들을 제거하면서 나는 속으로 다짐했다. '모든 것이 이 정도여서 다행으로 생각하자.' 라고 말이다. 휴일에 아래층에서 근무하고 있던 분들이 없었다면 물난리가 난 줄 몰랐을 것이다. 그분들이 물이 샌다고 연락을 줘서 그나마 빨리 대처를 할 수 있었다. 이 사실을 모르고 다음 날까지 뒀다면 그 피해는 더 컸을 것이다. 그리고 도와주겠다고 나서주는 직원들도 고마웠다. 요즘 같은 때에 보기 힘든 사람들을 직원으로 둔 남편이 덕이 있나 보다고 생각했다. 내가 어릴 때부터 부모님이 남편은 덕이 많은 사람으로 만난다고 하셨다. 비싼 장비들이 작동을 잘할지 의문이 들었지만 그것도 잘 해결될 것이라고 생각하기로 했다.

이렇게 어느 순간 나도 모르게 마음을 긍정적인 방향으로 향하게 하려는 노력을 하게 된 것이다. 글을 써서 작가가 되겠다는 소망을 〈한책협〉

을 통해 이루게 될 것이다. 그리고 모든 일은 내 마음에 달렸다는 것을 깨닫고 마음의 성장도 할 수 있다는 것을 알게 된 곳이 바로 〈한책협〉이다. 내 인생에서 새로운 전환점이 바로 〈한책협〉에서 글쓰기를 배우면서이다. 앞으로 나에게 어떤 도전과 행복이 있을지 기대된다. 나는 작가가 되고 정신적인 성장도 해 나갈 것이다. 그리고 그 과정은 나의 가족과 함께할 것이다. 그 결과가 어떠할지 또 궁금해진다. 내가 성장하는 만큼 나의 가족들도 함께 성장하길 바란다.

살다 보면 누구에게나 인생의 전환점이 있을 수 있다. 그곳에 엄청난 행운과 기회가 기다리고 있을 수 있다. 혼자 살면서 외로운 사람들이라면 우선 자신을 발전시킬 수 있는 전환점을 찾아보기를 권한다. 어릴 적에 어머니가 하신 말이 있다. 나의 동생이 4~5명의 친구들과 함께 걸어오고 있는데 "그중에서 가(내 동생)가 제일 반짝반짝하고 귀엽더라."라고 했다. 그 당시 중학교 다니던 내 동생은 작고 새까맣고 솔직히 귀엽기만 했다. 그런데 반짝반짝하게 보이는 것은 어머니의 눈에만 그렇게 보이는 걸까? 그렇지 않다. 어머니의 딸이라서 반짝반짝했던 것이 아니다. 누구나 자신만의 보석을 지니고 있다. 여러분도 반짝반짝할 수 있다. 다만 갈고 닦지 않으면 남들이 보지 못한다. 하지만 우리의 어머니들은 자식들이 갖고 있는 보석을 알고 계신 것이다. 그래서 그것이 갈고 닦이기 전에도 보이는 것뿐이다. 자신을 연마하고 아름답게 가꾸는 데에 따라 보석의 가치가 달라진다. 다이아몬드라 해도 세공에 따라 값이 달라지는 것이다. 자신의 가치를 높일 수 있는 일을 찾아보자. 그리고 그 높이에서 배우자를 찾는다면 더 멋진 배우자를 찾을 수 있을 것이다. 그 방법들 중에 책 쓰기도 포함될 수 있다고 본다. 나는 〈한책협〉에서 글쓰기를 배우면서 인생 역전을 꿈꾸는 사람들을 보았다. 그리고 실제로 인생 역전을 보여준 사람들도 다수 보았다. 책 쓰기는 자신의 가치를 바꾸는 하나의 수단에 불과하다. 다른 여러 가지 방법들도 많을 것이다. 그러나 나처럼 글 쓰는 것을 좋아한다면 행복하게 책을 쓸 수 있는 곳이 바로 〈한책협〉이다. 단 자신에게 투자할 준비는 충분히 되어 있어야 한다. 그리고 나는 앞장에서 꿈에 대해 이야기하면서 결혼한 사람들도 꿈을 잃어서는 안 된다고 주장했다. 꿈은 우리의 삶을 더 풍요롭게 해준다. 결혼했다고 해서 꿈을 포기하거나 더 이상의 발전은 없다고 생각하지 말자. 새로운 인생의 전환점은 바로 지금 꿈을 꾸면서 시작되는 것이다.

나의 첫 번째 전환점은 결혼이었고, 두 번째 전환점은 〈한책협〉을 알게 된 것이다. 이 모든 것은 나의 새로운 인생의 전환점을 향한 디딤돌이 될 것이다. 결혼이 여러분의 인생의 전환점이 될 수도 있고 아닐 수도 있다. 그러나 나는 인생의 전환점도 자신이 선택하는 것이라고 본다. 어떤 선택이든 그것이 인생의 전환점이 되어 모두가 알아보는 반짝이는 인생이 되길 바란다.

02

행복한 가정에는 이유가 있다

가정은 누구에게나 휴식을 취하고 위로받는 공간이다. 몸이 고단하거나 정신적으로 힘들 때 가장 먼저 떠오르는 곳은 집이며 또 그래야 한다. 집을 떠올렸을 때 들어가기 싫은 생각이 든다면 우리는 그 어느 곳에서도 편안할 수 없다. 집은 힘들게 일하고 들어오면 따뜻하게 맞아줄 준비가 되어 있어야 한다. 그러려면 우선 서로에 대해 배려하는 마음이 있어야 한다. 누가 더 힘들고 어렵다고 따져서는 안 된다. "바깥일 하느라 고생했다." "집안일 하느라 힘들지 않았느냐."라고 챙겨주어야 한다. 그리고 편안한 마음으로 쉴 수 있어야 한다. 찡그린 얼굴로 들어와 바깥에서 받은 수모를 집 안에다 풀면 안 된다. 가정은 모두에게 편히 쉴 수 있는 공간이어야 한다. 가장이라고 해서 걱정거리를 집에서 자주 토로한다면 다른 가족구성원은 마음이 편할 수 있을까. 바깥에서의 일은 털어버리고 오는 것이 좋다.

내가 직장 바로 위에 집을 얻고 지낼 때 깨달았다. 바깥일과 집안일은 구분되야 한다는 것을 말이다. 직업상의 문젯거리를 집안으로 그대로 가져다 놓아 봐야 해결도 안 된다. 그리고 나쁜 기분만 연장된다. 퇴근을 하고 집으로 오는 길에 리프레시를 하고 들어와야 한다. 가정에서도 마찬가지다. 퉁명스러운 얼굴로 남편을 맞이한다면 집으로 와도 편하지가 않을 것이다. 가정에서 해결할 수 없는 자잘한 일은 특별히 날을 잡아 특정 장소이면 더 좋지만 그렇지 않더라도 따로 의견을 구하는 것이 서로를 위해 좋다.

그리고 집 안이 청결하고 정돈되어 있는 것도 중요하다. 풍수지리학자들의 이야기를 자세히 들어보면 결국 집 안을 정갈하게 하고 생기 있게 하는 것이 풍수지리의 목적이라는 것을 알 수 있다. 가족 구성원이 서로 도와 집안을 깨끗하게 정리 정돈 하다 보면 각자 일의 분담도 된다. 그리고 가족의 노고에 대해서도 알게 되어 서로에 대한 고마운 마음도 배우게 된다. 집 안에 작은 꽃을 하나 꽂아 둬보자. 한 송이로도 충분하다. 그 한 송이 꽃이 며칠 동안 나에게 어떤 기쁨을 주는지 보라. 그리고 집 안을 얼마나 생기 있게 만드는지도 보라. 매일이 특별한 날인 듯 여겨진다. 집 안에 작은 어항을 두는 것도 좋다는 이야기도 마찬가지다. 작은 물고기의 움직임이 우리에게 기쁨을 주고 활력을 주기 때문이다. 이렇게 가정은 생기가 넘쳐 새로운 에너지를 충전할 수 있어야 한다. 작은 기쁨이라도 함께하고 즐길 수 있는 가정이 행복한 가정이다.

지금은 코로나 때문에 집에서 지내는 시간이 많아졌다. 이제는 집이 더 이상 잠만 자는 곳이 아니다. 집이 곧 직장이고 가정이 된 것이다. 집에서 일도 하고 공부도 해야 한다. 영화나 문화생활을 즐기고 휴식도 취해야 되는 복합공간의 역할도 해야 한다. 그래서 집의 풍습도 중요하지만 환경과 인테리어에도 비중이 커지고 있다. 그만큼 가정의 역할은 더 커져가고 있다. 그러나 지금 우리의 현실은 어떠한가? 집에서 일도 하고 공부도 하는데, 식사는 누가 다 챙기며, 유치원도 안 가고 학교도 안 가는 자녀는 누가 돌보고 있는가. 특히나 맞벌이 가정의 경우 문젯거리가 한두 가지가 아니게 된다. 앞으로는 이런 일과 가정의 역할 분담이 큰 문제로 대두될 것으로 보인다. 엄마가 직장에 나가는 날은 아빠가 그 일을 대신 맡아야 하고 반대인 경우도 마찬가지인데 이 일이 원활하게 이루어질지가 관건인 것이다. 여기서부터 가정의 틀이 새롭게 바뀌어야 함을 알 수 있다. 과거에는 성실하고 책임감 강한 아버지와 자상한 희생적인 어머니와 착한 자녀들로 이루어진 가정이 단란한 가정의 표본이었다.

시대가 점점 변화하면서 가정 구성원의 역할이 조금 바뀌게 되었다. 맞벌이 하는 가정도 많아졌고 경제 주체도 바뀌고 있다. 그러나 코로나 시대 이전에는 큰 틀의 차이는 없었다. 가족 구성원의 인내와 화합으로 비교적 안정적인 가족의 형태를 유지할 수 있었다. 그러나 지금은 코로나로 인해 가정의 역할이 커지기도 했지만 기존의 틀이 흔들릴 만큼 부담도 커지고 있는 것이다.

당신의 롤모델은 누구인가요? 나의 롤모델은 어릴 적 피아노를 배울 때는 쇼팽이었고, 소아과 전문의를 취득했을 때는 슈바이처였다. 지금은 『거장과 마르가리타』를 쓴 마하일 불가코프이다. 요즘 모든 분야에서 롤모델의 중요성을 강조하고 있다. 회사, 개인뿐만 아니라 가정도 롤모델이 필요하다. 좋은 본보기가 되는 가정의 사례를 찾아보고 우리의 가정이 롤모델 될 수 있게 노력하는 것도 좋은 생각이다. 특히나 요즘처럼 모든 것이 빨리 변화하고 있는 시대에는 거기에 맞게 빨리 변화할 수 있어야 한다. 우리가 롤모델로 생각하는 이들도 특별한 사람으로 태어난 것은 아니다. 그들도 평범한 인간이었고 많은 시련과 실패를 경험하였다. 그러나 그 과정에서 좌절하지 않고 노력한 끝에 성공을 이루었고 다른 누군가의 롤모델이 된 것이다. 우리의 평범한 가정도 서로 인내하고 아끼고 사랑해서 잘 꾸려나간다면 현재 가정 문제로 힘든 이들과 새로운 가정을 이루기 위해 준비하는 이들에게 롤모델이 될 수 있다. 그러나 우리에게 갑작스러운 변화가 생겼다. 코로나로 인해 모든 것이 바뀌고 있고 또한 미래에 대한 예측도 쉽지 않은 상황이 된 것이다. 우리 가정도 마찬가지이다. 어떻게 가정을 꾸려나가야 할지 당황스러울 뿐만 아니라 본보기가 될 만한 롤모델도 찾기 힘든 상황이 된 것이다. 이런 상황에서 결혼을 선택하는 것도 쉽지만은 않을 것이다.

최근 기업에서도 일과 육아를 병행해야 하는 가정의 문제를 해결하고자 여러 방안들을 모색하고 준비하고 있다고 한다. 특히 삼성전자의 경우 이재용 부회장이 직접 나서 가정과 직장생활의 어려움을 듣고 해결책 마련을 위해 노력하고 있다고 하는 기사를 본 적이 있다. 그만큼 가정의 역할이 기업에도 영향을 미친다는 반증일 것이다. 이렇게 사회적으로도 가정의 역할이 바뀌고 있음을 알고 적극적인 지원이 필요하다고 생각한다. 또한 가정이라는 패러다임도 바뀌어야 한다고 본다.

행복한 가정은 일차적으로 부부가 만들어가는 것이다. 그러나 지금은 급격하게 모든 것들이 바뀌어가고 있는 상황이다. 사회적인 제도의 개선이나 특별한 뒷받침 없이 개개의 가정의 노력만으로 행복한 가정이 만들어질까 의문이다. 특히 지금 우리나라는 1인 가구가 늘면서 인구 절벽을 넘어 인구 역전 현상이 일어나고 있다. 그렇다고 1인 가구를 지원하는 것이 능사일까? 결혼하지 않은 사람들은 여러 가지 경제적 사회적 문제 때문에 결혼이 힘들다고 미리 겁부터 먹고 결혼을 미루거나 포기하고 있다. 결혼을 한 사람들도 지금과 같은 일과 육아, 가정의 문제를 한꺼번에 해결해야 하는 상황이 된 것에 무척이나 당황스러워하고 있다. 나의 경우도 아이가 등교를 하지 못하고 있으니 자연히 직장에 출근을 하지 못하고 있다. 나는 자영업이니 자유롭다 해도 매출에도 영향을 받고 아이를 데리고 출근해야 하는 경우도 종종 생긴다. 지금처럼 국가의 구성 단위인 가정 자체가 흔들리기 시작한다면 어느 누가 결혼을 하려고 할 것인가. 그리고 결혼한 가정도 버티기가 힘들어질 수도 있다.

북유럽 국가들은 육아휴직제도가 잘 정착되어 있다고 한다. 부부가 3개월씩 육아휴직을 할 수 있고 육아휴직 후 복귀하는 데에도 부담이 없다고 한다. 미리부터 이런 제도가 정착되어 있던 국가들은 지금과 같은 상황에서 가정이 받는 타격은 좀 덜할 것이라고 본다. 개개인의 행복이 국가 발전의 시발점이다. 또 가정은 국가의 원동력이다. 국가의 작은 구성원인 가정의 행복도 이렇듯 국가의 정책적인 지원이 있어야만 가능하다. 그래서 우리의 가정이 튼튼하고 행복하게 유지되는 모습이 보여야 새로운 가정을 이루려는 사람들이 늘어날 것이다. 새로운 출발을 하려는 젊은이들의 목표 중에 행복한 가정을 이루고 살고 싶다는 것이 다들 포함되어 있는 그날이 오려면 국가사회적인 지원이 바탕이 된 건강한 가정의 롤모델이 많이 나와야 할 것이다.

행복한 가정에는 이유가 있다. 우선은 가족 간의 화합과 신뢰가 필요할 것이다. 더불어 국가의 세심한 지원도 동반되어야, 보다 더 행복한 가정을 만들 수 있지 않을까 생각해본다.

03

결혼과 함께 성장하는 삶을 살아라

사랑이 변하나요?

그럼, 변하지 않은 것이 어디 있니.

왜? 왜? 알려주지 않았나요.

사랑도 변한다. 아니 사랑도 성장한다. 로맨틱한 사랑에서 평온한 사랑을 배우고 나면 사랑은 희생하는 사랑으로 성장하여 완전한 아름다운 사랑의 모습으로 나타날 것이다. 로맨틱한 사랑은 다음에 올 사랑을 배우기 위한 워밍업이다. 그러고 나면 서로 의지하고 도우며, 친구 같은 사이로 발전하는 정신적인 사랑이 온다. 이 과정이 지나면 무조건적인 사랑이 온다. 이는 가족을 위한 희생과 부모애이다. 우리는 부모님의 무조건적인 사랑을 당연시하며 무시하기도 한다. 그리고 부모님이 돌아가신 후 뒤늦게 후회하기도 한다. 마지막으로 모든 감정을 초월한 사랑이 있다. 이는 인간 존재 자체에 대한 사랑이다. 박애주의적인 사랑이다. 이런 사랑들을 고루 경험하고 조화롭게 이루어갈 때 진정한 의미의 사랑, 완벽한 사랑이라 한다. 이러한 사랑을 배우고 깨달아가면서 우리는 성장하는 것이다. 이모든 사랑은 어쩌면 우리가 이루고 있는 하나의 가정에서 다 경험하게 될 수도 있다. 모든 가정은 구성원부터 생활 방식까지 모두 다르기 때문이다.

영국 낭만파 시인 '퍼시 비시 셸리'의 시다.

"샘물은 강물과 강물은 바다와 하나가 된다. 하늘의 바람은 영원히 달콤한 감정과 섞인다. 세상에 외톨이는 하나도 없으며, 만물은 신성한 법칙에 따라 서로 다른 것과 어울리는데 어찌 당신과 하나 되지 못하랴."

이처럼 우리가 사랑하고 함께 하여 어울리고 새로운 것과 만나고 커지고 넓어지고 깊어지고 하는 것은 자연스러운 것이다. 그 이치에 맞기고 따라가다 보면 광활한 바다로 가게 될 것이다. 그렇게 우리는 성장하는 것이다.

성장이란 무엇인가? 자연의 섭리다. 생명을 가진 모든 것은 성장한다. 성장하는 과정에는 인내하는 시간이 필요하고 고통도 따른다. 성장통이라는 말이 생긴 것도 그런 이유일 것이다. 특히나 정신적인 성장은 거기에 자기성찰과 마음의 수련이 필요하다. 물은 아래로 흐른다. 사랑도 내리 사랑이다. 일반적인 자연의 이치는 이와 같다. 그렇지만 성장은 보통의 자연의 이치와는 다른 방향이다. 씨앗이 자라 새싹이 되려면 땅을 뚫고 거꾸로 올라와야 한다. 성장은 위로 오르는 과정이다. 성장은 이렇게 추운 겨울을 이겨내고 봄이 되어 새싹으로 자라기 위해 모든 힘을 쏟아 솟아오르는 씨앗처럼 역경을 이겨내야 하는 것이다.

매미는 세상에서 단 7일간 아름다운 노래를 부르기 위해 땅속에서 7년이 넘는 세월을 기다린다. 결혼을 하고 참고 기다리고 배려하는 법을 배웠다. 때로 슬프지만 기쁘기도 했다. 감동적인 순간도 있었고 마음 아픈 시간도 있었다. 그러나 이런 모든 것들이 우리를 성장하게 했다. 또 성장의 결과를 보기 위해서는 오랜 기다림의 시간이 필요했다. 그 결과는 과정이 어떠했느냐에 따라 달라질 것이다. 그 시간을 우리는 어둠 속에만 있었던 것도 아니고 그리 어렵지도 않았다. 그 이유는 그 시간 동안 우리는 사랑하는 가족과 함께했기 때문이다. 오히려 즐겁고 행복한 시간들과 함께한 성장 과정이었던 것이다. 적어도 매미의 성장처럼 어둠으로 채워진 것은 아니었다.

결혼은 땅 속에서 아름다운 장미로 피기 위해 기다리는 씨앗처럼 아름답게 성장하기 위해 준비하고 기다리는 과정이다. 그러니 그 위에 행복의 물을 주자. 찬란한 여름을 기다리는 매미를 위해서, 아름다운 꽃으로 필 날을 기다리는 어린 씨앗을 위해서 말이다. 그 성장의 끝이 무엇이든 행복하고 아름다울 것이다.

〈The rose〉

– 배트 미들러 노래, 아만다 맥브룸 곡

Some say love it is a river

That drowns the gender reed.

Some say love ti is a razor

That leaves your soul to bleed.

Some say love it is a hunger

An endless, aching need

I say love it is a flower.

And you it's only seed.

(중략)

When the night has been too lonely

And the road has been too long.

And you think that love is only

For the lucky and the strong.

Just remember

In the winter

Far beneath the bitter snow

Lies the seed that with the sun's love

in the spring, becomes the rose.

내가 좋아하는 노래다. 외롭고 힘들 때 내게 감동과 희망을 주었던 아름다운 곡이다. 그래서 원곡의 가사를 다 실었다. 멜로디로 아름답고 배트 미들러가 불렀을 때도 웨스트 라이프가 부른 것도 다 좋지만 가사가 우리의 마음을 더 울리는 명곡이다.

우리는 살아가면서 마음이 상할까 두렵고, 사랑을 이루지 못할까 두렵고, 벗이 되어주지 않을까 두려워하는 순간들을 만난다. 사는 법을 아직 모르기 때문에 두려울 수 있다. 오랫동안 외로웠고 그 밤은 너무 길었고 사랑에 목말라 하기도 한다. 그러나 사랑은 마음이 강한 이들이나 행운

아만이 이룰 수 있는 것이라고 생각할 수 있다. 하지만 그렇지 않다. 당신도 자연의 법칙에 따라 봄이 되면 피어나는 장미처럼 인생의 법칙에 순응하며 하루하루를 견디다 보면 멋지게 성장할 수 있다. 봄은 아름답고 찬란한 계절이지만 그만큼 우리 씨앗에게는 잔인한 계절이다. 마지막 남은 고통을 이겨내야 하니까 말이다. 그 고통을 이겨내면 꽃들이 만발하고 벌과 나비가 춤추는 행복의 꿀이 떨어지는 세상을 맞이할 것이다.

결혼은 이런 것이다. 나의 아름다운 성장을 꿈꾸며 사랑하는 가족과 함께 행복한 하루하루를 기다리다 보면 어느 날 아름다운 장미가 되어 있는 것이다. 힘든 시간들을 이겨내고 함께 기다리다 보면 쏟아지는 햇살 사이로 퍼지는 시원한 매미의 소리처럼 멋지게 울릴 것이다.

04

영적인 성장도 함께해야 한다

인간이 성장하고자 하는 욕구는 자연스러운 것이다. 그것을 진화의 한 과정이라고 보기도 한다. 대개 우리는 학문적인 성장이나 지적 능력의 성장에만 집중한다. 그리고 어느 정도 그 성과를 거두고 나면 더 이상의 성장은 필요 없는 것으로 생각하기도 한다. 그러나 정신적인 성장도 있다. 그리고 3차원을 떠나 4차원 또는 영적인 성장까지 이야기하는 사람들도 있다. 그러나 보통은 이런 정신적인, 영적인 성장은 철학자들이나 신학을 연구하는 사람들에게 한정된 일로 보기 마련이다.

아무것도 모르고 지내던 어린 시절 어느 날 갑자기 나의 존재에 대한 생각을 하게 되는 때가 온다. 나는 왜 이런 가난한 집에서 태어났지? 좀 더 자라면서 나는 어떤 사람이 되어 있을까? 나는 무엇을 하기 위해서 세상에 나왔을까? 앞으로 나에게 엄청난 큰 일이 주어지는 것은 아닐까? 그러다 졸업을 하고 직업을 찾고 거기에 맞추어 정신없이 살다 보면 '그냥 이렇게 사는 게 인생이지.' 하고 더 이상의 어떤 것을 추구하지 않게 된다. 소위 말하는 인생의 의미, 자기 수행 등은 먼 나라의 이야기가 된다.

결혼한 사람들이 자주 듣는 질문이 있다. "다시 태어나면 지금의 배우자와 결혼할 것이냐"는 질문이다. 당신은 어떻게 대답할 것인가? 그렇다고 대답한다면 두 가지의 경우이다. 첫 번째는 배우자가 옆에 있어서 눈치보고 하는 말이다. 그리고 한 가지 경우는 나는 변하지 않는다는 생각이다. 두 번째의 생각을 가진 사람은 정신적으로 아주 성숙한 사람이라고 볼 수 있다. 내가 변하지 않는 이상은 다른 것들이 달라져도 크게 차이가 없을 것이라는 것을 깨달은 것이다. 현재의 누군가와 행복하게 지낼 수 있다면 어떤 사람을 만나도 행복할 수 있다. 지금 누군가 함께 하는 삶이 불행하다면 어떤 사람을 만나도 불행할 수 있다. 모든 것은 나에게 달려 있기 때문이다. 그러니 다른 사람과 결혼해봐야 다를 것이 없으니 그래도 미운 정 고운 정 든 지금의 배우자가 낫지 않겠냐는 생각이 아닐까 한다.

성공학으로 유명한 웨인 다이어는 'I am that I am.' 이라는 말로 정신적인, 영적인 성장이 가능함을 설파하고 있다. 모든 것은 나로부터 시작됨을 이야기한다. 그의 저서를 읽고 나는 많은 감명을 받았다. 철학이나 인문학을 통한 지적인 성찰을 떠나 한 단계위인 정신적인 발전이 가능하다는 그의 말은 나에게 놀라움을 안겨 주었다. 그리고 어릴 적 사춘기 지나가듯 잠시 지나갔던 인생과 존재에 대한 고민을 되돌아보게 하는 계기가 되었다. 직업을 갖고 결혼을 하고 자식을 낳고 나면 더 이상의 무언가는 없는 걸까? 이제 남은 것은 정말 무덤으로 걸어가는 길 밖에 없단 말인가? 나는 더 이상의 고차원적인 발전은 없이 끝나는 것일까? 이와 같이 남들이 들으면 "또 다시 사춘기니?"라고 할 만한 생각들을 다시 해보게 했다.

"내가 되고자 이루고자 하는 데 한계를 두지 마라."라고 웨인 다이어는 이야기한다. 이루고자 하는 꿈이 있다면 자신을 어떤 틀에 가두고 할 수 없다고 생각해서는 안 된다. 자신을 제한하는 것들은 전부 버려야 한다.

그리고 자신의 잠재력은 무한하다고 생각해야 한다. 그리고 기존의 생각에 틀에 매여 자신의 잠재력은 무한하다는 생각에 저항해서는 안 된다고 한다. 과연 그렇지 않은가? 그러나 우리는 어느 때인가부터 이런 정신적인 성장에 대해서는 생각할 필요도 없다고 여기게 되었다.

우리가 여행이나 어떤 모험을 떠날 때 가슴이 두근거리고 기대감에 부푼다. 그것은 새로운 경험에 대한 기대일 수 있다. 그러나 나는 이는 자신의 한계를 가늠해보고 싶은 마음이 함께 있기 때문일 것이라고 생각한다. 모험을 떠나기 전 우리는 현재의 모든 것을 버려야 한다. 그곳에서 여행을 할 때 지금 내가 가지고 있던 직업, 지식, 재산은 의미가 없다. 단지 나는 자유롭게 떠돌아다니는 영혼일 뿐이다. 누가 나의 직업과 재산에 관심을 갖는지 보라. 여행자들은 그런 것에 관심이 없다. 그가 무엇을 보았고 어떤 느낌을 받았는지 또 어디로 갈 것인지만 알고 싶어 한다.

그렇게 아무것도 없는 상태에서 새롭게 시작하는 것이 여행이다. 단지 자유로운 영혼만 내게 있다. 그 마음과 정신 하나로 나아가고 새로운 것들을 접하고 또 다른 영혼들을 만나는 것이다. 그렇게 나 자신을 다시 돌아볼 수 있는 것이다. 그때는 내 생각과 정신은 오로지 나에게만 집중되어 있다. 마음껏 상상하고 무한히 옮겨 다닐 수 있다. 정신적으로 완전히 자유로워지는 것이다.

그렇다면 지금 우리의 인생의 여행길에서 다시 한 번 상상의 날개를 마음껏 펼치고 이루어질 수 있다고 생각해보자. 무엇이든 가능하고 어디든 갈 수 있다고 생각해보자. 이와 같은 생각의 변화가 바탕이 되어야 비소로 자신의 한계를 넘어서는 자유를 누릴 수 있다.

"처음부터 나는 이 인생과 사명이 운명적으로 주어졌음을 감지했다. 이 의식은 나의 내면에 안정감을 주었다. 비록 내가 운명을 스스로 증명해낼 수는 없었지만 운명이 나를 통해 스스로를 증명했다. 내가 운명을 확신한 것이 아니라 운영이 나를 확신했다."

분석심리학의 선구자 칼 융이 한 말이다. 융은 우리가 인지하지 못하는 또 다른 정신세계인 무의식에 대해 깊이 연구했다. 자신의 마음 깊이 들어가 무의식이라는 새로운 자아와의 만남을 오랫동안 지속했다. 그리고 이런 무의식과 의식의 조화가 우리의 정신세계를 성장시킨다고 봤다. 그리고 평생에 걸쳐 영적인 세계에 대해 깊은 관심을 가졌다. 융이 자신의 무의식과의 만남에 집중한 것도 그런 이유가 있지 않았을까 생각해본다. 이외에도 우리의 의식으로는 인식할 수 없는 영적이 세계가 있음을 많은 사람들이 경험하고 주장하고 있다. 그리고 실제로 생각의 변화로 의식의 자유를 얻을 수 있음을 알고 이에 대해 공부하고 있는 이들도 있다. 영적인 성장을 이룬 사람들은 모든 일은 자신만이 결정할 수 있으며 자기 책임 하에 있다고 말한다. 그러므로 마음의 결정에 따라 무엇이든 가능하기도 하다고 주장한다. 그리고 그 마음이 항상 깨어 있고 자신의 모든 행동과 마음 상태를 객관적으로 볼 수 있는 상태가 되어 있을 때 진정한 자아와의 만남과 정신적인 성장을 이룰 수 있다고 주장한다. 그러나 우리는 대체로 이런 성장은 필요가 없는 것으로 생각한다. 기존의 생각의 틀을 깨기가 힘든 것이다. 과연 우리의 마음이 어디에 있고 어느 정도까지 성장할 수 있는지 과학적으로 명확히 밝혀지지는 않았다. 그러나 분명히 우리의 마음은 존재하고 있음을 알고 있다. 그렇다면 인간의 모든 능력들이 발전하듯 우리의 마음도 발전이 가능하지 않을까 생각해본다. 그리고 모든 일이 나의 마음에서 가능하다면 마음을 발전시키고 성장시키는 데 주저할 이유가 없다고 본다. 이런 정신적인 성장은 무한한 사랑을 가능하게 하며, 또한 모두가 바라는 성공으로 가는 열쇠이기도 한 것이다.

우리는 행복과 부을 이루고 살고 싶어한다. 공부를 하고 직장을 얻고 결혼을 하고 인간관계를 넓히고 하는 모든 일들은 무엇 때문에 하고 있는가. 성공으로 다가서기 위한 단계라고 생각하기 때문이 아니겠는가. 그러면 이 모든 일을 결정하는 것은 누구인가. 그리고 그 과정에서 원하는 것을 이루어내는 것은 또 누구인가? 바로 나 자신이다. 자신이 어떻게 생각하고 결심하고 행동하느냐에 따라 행복과 부가 결정되는 것이다. 인생에 큰 성공을 이룬 사람들은 또 한결같이 이야기한다. 우리가 바라는 모든 풍요로움은 바로 자신의 마음속에 있다고 말이다. 내 마음의 문을 열고 들어가는 순간이 성공의 길로 들어서는 첫걸음인 것이다.

알라딘은 누군가의 요구로 지니의 마법램프를 찾으러 굴 속으로 들어간다. 천신만고 끝에 마법램프를 손에 들고 나온다. 마법램프속의 지니는 누구인가? 바로 주인공 알라딘의 마음인 것이다. 그래서 알라딘은 왕자도 되고 부자도 될 수 있었다. 그럼에도 알라딘은 한순간에 이 모든 부와 명예를 버릴 수도 있는 마음을 일깨워 나온 것이다. 내 마음을 다스릴 수 있다면 나는 언제든지 지니를 불러낼 수 있고 소원은 이루어지는 것이다.

나는 책을 쓰면서 다수의 성공 관련 책들을 접하게 되었다. 그러면서 마음과 정신세계의 확장에 대해 공부해보고자 하는 또 하나의 소망이 생겼다. 모든 것의 시작은 마음속에 있기 때문이라는 것을 조금씩 깨닫게 되었기 때문이다.

결혼을 하여 행복한 가정을 이루고 사는 것도 일종의 성공한 삶이다. 그곳에서 또 다른 부와 행복을 이루어낼 수 있다면 그보다 더 큰 행운이 어디 있을까. 모든 인간관계는 마음에서 시작된다는 것은 우리도 이미 알고 있다. 결혼생활도 마찬가지다. 서로의 마음을 깊이 이해하고 받아들일 수 있는 정신적인 성장이 가능하다면 부부관계도 그만큼 풍요롭고 조화로울 것이다. 마음 수양에 관심을 가져 보자. 그 동안 잊고 지냈던 사춘기적 생각, '나는 누구인가? 나의 마음은 진정 무엇을 원하는가?' 이런 의구심에 대해 다시 한 번 생각해보자. 그리고 정신적인 또는 영적인 성장을 도모해보는 것을 어떨까하고 생각해본다. 마음의 성장, 의식의 성장이 이루어진다면 결혼생활뿐만 아니라 모든 인간관계에서 편안함을 느끼지 않을까 생각해본다.

05

결혼은 하늘의 축복이다

옛날에는 이렇게 결혼을 했다. 신부가 신랑 얼굴도 보지 않고 시집가서 평생 그 사람을 지아비로 믿고 살았다. 신랑도 마찬가지로 신부를 천생배필로 생각하고 아끼고 사랑했다. 하늘이 내려준 천생연분이다. 이처럼 하늘의 맺어준 연분이니 돌아보지 마라. 배수진을 치고 결혼생활에 임한다면 더 행복할 것이다.

"진정 감사하는 마음으로 선물을 받는 것은
답례로 줄 수 있는 선물이 없다고 하더라도
그 자체가 바로 훌륭한 답례가 된다."

영국의 수필가 '리 헌트'의 명언이다.

우리가 세상에 태어난 것은 신이 부모님께 주신 선물이다. 그리고 우리는 부모님으로부터 인생을 선물 받았다. 또 결혼을 하면서 또 다른 인생과 만날 수 있는 선물을 받았다. 정자와 난자가 결합해서 새 생명이 태어나려면 180조 분의 1이라는 확률에 의한다고 한다. 이는 우리가 측정하거나 상상 할 수 없는 수치다. 이는 어떤 전지전능한 절대적인 힘이 개입되었다고 생각할 수밖에 없는 수치가 아닌가. 즉 엄청나게 운이 좋게 태어난 것이다. 그리고 그렇게 운이 좋은 또 다른 사람을 만났다는 것도 얼마나 큰 행운인가. 이는 신의 축복, 신의 선물이 아니고는 이루어질 수 없다.

우리는 받고 싶은 선물이 있을 때 목록을 만들어 신에게 기원한다. 그 목록의 내용은 구체적일수록 좋다고 하니 자세한 내용으로 기도해야 한다. 그리고 그 기도에 대한 답으로 천생연분을 선물로 받는다. 그리고 그 선물에는 잘 살아야 한다는 메시지가 함께 있다. 그렇다면 이렇게 귀한 선물을 받았을 때 우리는 어떻게 해야 할까? 진정 감사하는 마음으로 선물을 받아야 한다. 특히나 신에게 받은 선물이 아닌가. 그리고 이에 대한 답례는 잘 보살피고 아끼고 하면서 행복한 삶을 만들어가는 것이다. 설사 그 선물이 처음에 조금 마음에 들지 않더라도 취향을 바꿔보라는 뜻일 수도 있으니 기다려보자. 시간이 지나면서 괜찮아지고 편안해지고 예뻐지기도 한다. 그렇게 우리는 또 긍정적으로 바뀌고 성장해간다. 그리고 새로운 시작, 새로운 인생을 선물 받았으니 베풀 줄도 알아야 할 것이다. 도움이 필요한 사람에게 우리 인생의 일부분을 티 나지 않게 베풀어 주는 것이다.

'신의 가호가 함께 하기를'이란 말을 들어보았을 것이다. 신이 힘을 베풀어 보호하여 준다는 뜻이다. 선물에 동봉된 메시지에는 이런 문구가 있었다. '신의 가호가 함께할 것이다!' 그러니 걱정할 필요가 없다. 내 마음속에 깃든 신은 소홀함이 없이 도와줄 것이다. 용기를 가져라. 잘할 수 있다. 어느 날, 어느 순간 우리는 문득 나에게 도움을 주는 신의 손길을 무의식중에 느끼는 경우가 있다. 또는 곤란한 일이나 막막한 일을 맞닥뜨렸을 때 누군가의 도움으로 무사히 벗어난 경험도 있을 것이다. 그때 우리는 신이 도왔다고 생각한다.

내가 20대일 때 겁도 없이 혼자 이집트로 여행을 갔다. 그 당시에는 그곳에 대한 정보가 거의 없었다. 어느 출판사에서 나온 가이드북의 몇 페이지 안 되는 정보를 가지고 이집트로 출발했다. 그곳에서 어느 청년이 사막을 가보라 하여 그의 말만 믿고 사막으로 향했다. 오아시스가 있는 작은 마을에서 하루를 보내고 다음 도시로 이동해야 하는데 차가 늦게

왔다. 그리고 다음 도시에는 한밤중에 도착했다. 내의 목적지는 그곳이 아니었다. 막막한 중에 동네 아저씨 한 사람이 자기 집에서 자고 가도 된다고 하여 따라 갔다. 그러나 그 아저씨의 집은 잘 수 있는 곳이 아니었다. 방이 하나에 아기들과 두 부부가 같이 지내는 곳이었다. 마침 그 아저씨는 차가 있었다. 비용을 지불하면 내가 원하는 곳으로 데려다 주겠다고 했다. 처음 출발했던 곳으로 가기로 하고 출발했다. 그러나 차는 길이 아닌 사막으로 자꾸 들어갔다. 사막은 아무도 없었고 아저씨는 길을 아는지 모르는지 알아듣지 못하는 말로 뭐라고 하는데 나는 어찌 할 바를 몰랐다. 그때 마침 멀리서 불빛이 반짝이는 것이었다. 나는 얼른 저기에 내 친구들이 캠핑을 하고 있으니 거기까지만 같이 가자했다. 다행히 사막에서 밤을 보내는 한 무리의 여행객들이 있어 그들과 합류하여 무사히 밤을 넘길 수 있었다. 캠프를 인솔하고 있던 대장이라는 사람이 나의 이야기를 듣더니 화를 입을 수도 있었는데 신이 도왔다며 알라신께 기도를 드리는 것이었다. 그러나 그 모든 순간에 나는 두렵다는 생각이 별로 들지 않았다. 사막의 밤하늘에 무수히 빛나는 별들과 유성들을 보면서 편안한 마음으로 그 밤을 보냈던 것이다. 이렇듯 신은 곁에 있으면서 두려움이 없도록 보살펴주신다.

그리고 뜻밖의 기쁨과 선물도 함께 주신다. 이스라엘에서 만난 이탈리아인 루카라는 친구가 있었다. 내가 이집트로 넘어가기 전 국경 근처에서 만나 같이 식사하고 루카는 이탈리아로, 나는 이집트로 가기로 약속을 했다. 그 친구가 머물고 있다는 호텔을 찾아 들어갔는데 루카가 없었다. 그래서 돌아 나오는데 잠시 뒤 호텔 매니저가 다시 나와 좀 전에 한국에서 온 친구를 찾는 사람이 있었다고 했다. 그런데 그 옆에서 지나가던 사람들이 그 말을 듣고 한국인이냐고 물었다. 그렇다고 했더니 자기들도 한국인라고 했다. 이스라엘에서 파견 나온 현대차 직원이라는 것이다. 한국인을 본 지 너무 오래되어 반갑다는 것이었다. 그곳에 아무리 한국 사람이 없었다고 해도 너무나 나를 반가워하는 것에 어리둥절하기까지 했다. 해변에서 동료 직원들과 파티가 있으니 같이 가서 먹고 가란다. 고맙기는 해도 나는 야간버스를 타고 국경을 넘어가야 하는데 시간이 얼마 없었다. 그리고 마침 루카도 그 자리에 나타났다. 그러자 같이 있던 사람들 모두 돈을 모아 여행에 보태 쓰라며 건네주었다. 여행에서 돌아와 그분들을 다시 만나 고마웠다는 인사를 하고 싶었지만 그때는 인터넷도 뭐도 없던 때였다. (가능성 여부를 떠나 이 글을 통해 그분들에게 진심으로 감사했다고 덕분에 무사히 여행을 마쳤다고 인사드리고 싶다. 감사합니다. 건강하세요.)

아직도 그 일은 나에게 신이 잠시 힘내라고 주신 선물 같은 기분이다. 이렇게 우리는 항상 우리는 지켜보고 있는 신의 보호를 받고 있다. 누군가는 두 명 이상의 보호신이나 천사가 우리를 안내하고 지켜주고 있다고 이야기한다. 그래서 잘못된 길로 가거나 위험에 처해 있거나 힘든 일을 당했을 때 무사히 넘기라는 신호를 주는 것이다.

결혼 후에 우리는 신의 선물을 또 받는다. 귀여운 자녀들이다. 우리와 꼭 닮은 아이들. 얼마나 큰 기쁨과 희망을 주는가. 옛 어른들이 보고만 있어도 배부르다는 말이 틀리지 않다. 생각만 해도 웃음이 절로 나고 힘이 난다. 나도 귀여운 딸을 선물로 받았다. 신이 자신과 비슷하게 인간을 만드셨듯이 닮은 듯 안 닮은 듯하게 해서 보내주셨다. 남편을 붕어빵같이 닮게 해서 온 것도 뜻이 있을 것이다. 아마도 남편이 얄미울 때 딸을 보면서 마음을 풀고 아껴주라는 뜻인 듯하다. 말투부터 세세한 행동까지 똑같다. 어머니가 손녀를 보시면서 하신 말이 있다. "아범이 저렇게 말하는 것을 애기에게 가르쳐줬니?" 그러신다. 남편이 어릴 때 하던 말과 너무 똑같아서 소름 끼쳤다고 하셨다. 얼마나 큰 선물인가. 우리에게 얼마나 큰 기쁨과 감동을 주는 선물인가. 이는 결혼한 사람만 받을 수 있는 선물이다.

우리는 누군가에게 축하 메세지를 연말이나 특별한 날에 보낸다. 하늘에서도 우리에게 같은 메시지를 선물과 함께 또 주셨다. '행복과 소망과 사랑이 충만하길, 기쁨과 평화로 가득 차길, 건강하길, 새로운 희망과 복된 하루하루가 되기를'이라는 메시지다. 이 모든 메시지가 우리에게 주신 선물과 함께 있으니 무엇이 두려운가. 그냥 기다리고 찾으면 된다. 신의 메시지이고 약속은 지켜질 것이다. 걱정하지 말자. 우리에게 마법 같은 인생이 펼쳐질 것이다.

누군가에게 선물을 주었을 때 받는 사람이 기뻐하면 주는 이도 기쁘다. 신도 마찬가지다. 기뻐해야 한다. 그래야 신도 기뻐하고 더 큰 선물을 주신다. 신의 은혜인 이 선물에 순종하자. 불평불만 해봐야 소용없다. 그래봐야 선물 주신 분이 기분만 나쁘지 않겠는가.

너희가 자기를 사랑하는 사람들만 사랑한다면 무슨 상을 받겠느냐? 세리들도 그만큼은 하지 않느냐?

– 마태복음 5장 46절

결혼은 신이 우리에게 많은 축복의 메시지와 함께 주신 커다란 선물이다. 감사하게 받고 기뻐하고 춤추고 노래하고 즐거워하자. 뜻이 있어 주신 선물이니 고맙게 받아 서로 아끼고 사랑하고 잘 살자. 그래서 멋진 인생으로 되돌려 주는 것이 신의 선물에 대한 보답이다.

06

부부가 함께하는 삶의 목적을 찾아라

대부분의 사람들은 결혼을 하고 행복한 가정을 이루어 살게 된다. 바쁘고 정신없이 세월이 흘러간다. 가끔 다투기도 하고 사건사고도 있었지만 만족스러운 삶을 산다. 그러다 어느 순간 뒤돌아보니 공허한 느낌이 들기 시작한다. 세월은 순식간에 흘러갔고 몸도 나이 들어 여기저기 아프기 시작하는데 백세시대에 남은 인생이 또 반평생이다. '우리 앞으로 뭐하고 살지, 노후는 어떻게 하나?' 하는 생각이 문득 들 것이다. 이제는 이런 문제에 대한 생각할 나이가 된 것이다. 나도 나 자신에게 질문은 던져본다. '남은 인생은 무엇을 하고 살고 싶은가? 지금까지와는 다른 새로운 삶의 목표를 찾아보는 것은 어떠한가?'라고 말이다.

누구나 삶의 여유가 생긴다면 좀 더 가치 있는 어떤 일을 하고 싶어 할 것이다. 물론 자신이 힘든 상황에서도 그런 가치 있는 일을 찾아 행동으로 옮기는 사람들도 있다. 그래서 그들의 행동은 더 의미가 있고 가치는 더 빛나는 것이다. 그리고 그런 이들은 선구자나 성인이라고도 불려진다. 그러나 우리는 평범하게 살아왔다. 그렇다면 크게 자신을 희생하지 않고도 작은 도움을 줄 수 있는 일이 있을 것이다. 뉴스에도 종종 나온다. 미용실 원장님이 양로원에 가서 노인들의 머리를 무료로 손질해주었다거나 어느 빵 가게 사장님은 주기적으로 고아원에 빵을 보내주었다거나 어떤 음식점 사장님은 무료 밥차를 운영하기도 한다는 얘기들이다. 다들 자신이 하고 있는 일들을 통해서 남에게 도움을 주고 있다. 아마도 남을 돕는 일을 하면서 자신의 직업에 대한 보람도 더 커질 것이라고 여겨진다. 그런 기사들을 보면서 나도 '내가 할 수 있는 만큼의 작은 손길이라도 보탤 수 있으면 좋지 않을까?'라고 생각해본다.

노블리스 오블리주란 말은 로마시대 왕과 귀족들이 보여준 도덕정신, 솔선수범하는 공공정신을 이르는 말에서 유래했다. 현재는 사회 지도층이나 부자들의 도덕적 의무로 대변되어진다. 그래서 대개 사회적으로 크게 성공한 사람들이 그 성공을 사회에 환원하기 위해 기부나 선행을 한다. 그러나 이런 기부는 그들만의 몫은 아니다. 평범한 사람들도 작은 것부터 실천할 수 있다. 가난한 사람들도 어려운 사람들을 돕는 데 적극적인 경우도 많다. 우리나라에서는 요즘 재능기부라는 형태로 많은 사람들이 남을 돕는 데 참여하기도 한다. 모든 사람이 한 가지는 타고 난 재능이 있다. 그 재능을 이용해 남을 도울 수 있다면 좋겠다는 생각을 해본다. 그러나 자신이 재능이 없다고 실망할 필요는 없을 것 같다. 우리는 항상 우리 주변부터 챙기고 도와왔다. 나라에 어려운 일이 생기면 이웃돕기를 항상 먼저 실천하였다. 그러니 우선 가족을 도와 단란하고 행복한 가정을 이루는 것을 기본으로 시작하자. 또 형제자매를 도와 우애를 돈독히 할 수 있다. 부모님을 도와 효도를 할 수 있다. 그리고 지구를 돕는 일도 누군가를 돕는 일이다. 집에서 나오는 물건들을 잘 재활용될 수 있게 한다면 당장 분리수거 하시는 분을 돕는 일이다. 그리고 지구를 오염되지 않게 하는 일은 우리 모두를 돕는 일이다. 우리는 도울 사람이 많다. 도울 기회도 많다.

이런 선행이나 기부는 타고 나는 것도 아니다. 사회적 관습과 교육에 바탕을 둔다. 빌 게이츠의 자선은 자선단체 회장이었던 어머니의 영향을 받았다고 한다. 유대 사회는 이렇게 부모로부터 가족을 전통을 소중히 여기는 법을 배운다. 이런 자선은 자식에게도 선한 영향을 미친다. 미국의 대학들은 사회적 공헌이나 봉사활동을 입시에 반영한다. 하기 싫은데 점수 때문에 하는 것이 아닌 기꺼이 하는 봉사를 말한다. 그리고 지도자들은 주로 도와주고 지원하는 임무를 맡는다. 우리나라는 경주 최부자

집의 기부를 들 수 있다. 사방 100리 안에는 굶어 죽는 사람이 없게 하라는 것이 그들의 가훈이었다. 그들은 스스로 검소하게 살면서 1년에 1만 석 이상의 재산을 이웃에게 베풀었다고 한다. 가까운 이웃부터 챙긴 것이다. 이렇듯 우리 가정에서 먼저 서로 돕는 습관을 익히고 이를 주변으로 점차 확대시켜나가는 것이 선행이나 기부를 배우는 첫걸음이 아닐까 생각해본다.

연예인 부부들의 기부와 자선에 대한 이야기들도 종종 기삿거리가 된다. '많이 버니까 기부하는 거겠지.' '그만큼 삶의 여유가 있으니까 그렇겠지.' 생각할 수 있다. 사실 나는 얼마 전까지만 해도 이런 기부나 자선은 그들만의 일이라고 생각했다. 심지어 이런 연예인이나 유명인들의 기부가 가식적이라는 생각까지 했었다. 그런데 책을 쓰게 되면서 여러 성공 서적을 읽고 훌륭한 인물들의 이야기를 읽다 보니 눈에 띄는 공통점이 있었다. 책의 마지막에는 거의 모든 경우가 '남을 도우며 살라, 베풀어라, 사회에 기여하는 사람이 되라'는 이야기였다. 왜 그럴까. 이유는 한가지였다. 그들은 진정한 행복과 성공의 결실은 타인을 도와 세상이 발전하는 데 기여하는 행위에 있다는 것을 깨달은 것이었다. 그들은 먼저 이 사실을 깨닫고 실천하고 있었던 것이다. 나도 책을 읽고 행복과 인생에 관한 공부를 하면서 조금씩 깨달아가고 있는 중이다. 그리고 이들의 한결같은 말이 헛된 것이 아님을 진정으로 깨닫는 날이 오길 바란다.

누군가를 위해 봉사하고 도움을 주려고 하는 이들은 항상 작은 일이라고 말한다. 그러나 항상 그런 작은 것들이 모여서 큰 물결을 이루는 것이다. 사회적으로 봤을 때 그 일은 엄청나게 큰 가치로 이어질 수 있다. 특히나 그런 실천을 하지 못하는 나의 입장으로 볼 때 그들은 정말 용기 있는 사람들이다. 나는 이제야 조금씩 자선이나 선행, 사회적 봉사에 대해 생각해 보고 있는 것이니 말이다. 이처럼 나이가 들어 뒤늦게 이런 자선이나 봉사에 관심을 가지고 삶의 목적을 새로이 찾는 사람들도 있다. 그러나 인생의 시작부터 부모와 함께 또는 배우자와 함께 남을 돕는 일을 시작할 수 있다면 더 행복하지 않을까 하고 생각해본다. 많은 성공한 삶들이 보여주듯이 가정에서부터 배우고 사회에 나가서도 이런 배움이 이어진다면 말이다. 그리고 그들의 인생의 여러 가지 목적과 목표들 중에 미리 자선과 선행이 들어가 있다면 성공과 행복으로 가는 또 원동력이 될 것이다.

그렇다면 우리에게 삶의 목표만이 중요한가. 목표만 추구하다 보면 그 과정은 고통이 될 수도 있다. 또 결과에 따라 만족감도 달라질 수 있다. 목표를 추구하되 과정, 즉 목표를 향해 나아가는 현재를 즐길 줄도 알아야 한다. 행복을 향한 목표도 마찬가지다. 많은 사람들이 행복을 인생의 목표로 두고 있다. 그리고 그 행복을 찾아 행복해지려고 부단히 노력한다. 그러나 행복은 눈에 보이는, 쉽게 가질 수 있는 목표와는 다르다. 그래서 다들 저 멀리 어딘가에 환상의 나라, 꿈과 행복의 나라가 있을 것이라고 상상하며 열심히 나아간다. 그러나 행복은 지금, 여기, 내 마음속에 있다. 지금 행복하지 않으면 영원히 행복할 수 없다. 혼자 행복하지 않으면 둘이어도 마찬가지다. 내가 행복하지 않으면 그 어떤 사람과 함께해도 마찬가지다. 행복은 가질 수 있는 것도 아니고 보이지도 않는다. 이는 나에게 깃들어 있기 때문이다.

해 뜨는 모습을 보기 위해 밤을 새워 시나이 산을 걸어 올랐다. '해 뜨는 것' 자체, '해' 자체를 가지기 위해 오른 것이 아니다. 해가 떠오르는 그 순간의 기쁨을 위해 오른 것이다. 그리고 그것으로 인한 행복을 내 마음속에 간직하게 위해 오르는 것이다. BTS의 공연을 보기 위해 엄청난 시간과 노력을 들여 공연장으로 간다. 그들이 내 것이 되고, 그들의 노래가 내 것이 되어주길 바라는 것이 아니다. 노래가 울리는 그 순간의 흥분과 함께 웃고 노래하는 그때의 열기를 간직하기 위해서이다. 언젠가 힘들고 외로울 때 내 마음속에 간직된 그 순간을 떠올려보라. 기쁨이 충만하게 차오르며 다시 살아갈 힘과 희망을 줄 것이다. 매순간 행복한 생각을 하자. 불행에 대해 애써 생각할 필요가 있는가. 내가 가진 것에 기뻐하고 나를 둘러싼 사람들에게 작은 기쁨을 주기 위해 애쓰는 것이 행복이다. 우리의 삶을 재미난 놀이, 반짝이는 순간들, 작은 기쁨들, 넘치는 호기심으로 채우는 것을 목표로 삼자. 거기서부터 나를 돕고 남을 도울 수 있는 힘이 생기는 것이다. 나에게 흘러넘친 행복이 남을 행복하게 할 수 있다. 나에게서 빛나는 행복이 내 가족을 행복하게 할 수 있다. 내가 행복해야 이웃을 행복하게 도울 수 있는 것이다. 내가 행복해져서 남을 행복하게 해줄 수 있게 되는 것을 삶의 목적으로 하자.

그것을 혼자 할 수도 있지만 우리는 마음이 맞는 배우자가 있다. 함께 하면 엄청난 힘이 발휘될 수도 있다. 또한 서로 용기를 북돋아줄 수도 있다. 서로 어떤 일을 할 수 있을지, 어떤 도움을 줄 수 있을지 생각해보는 것도 새로운 삶의 원동력이 되리라고 본다. 한 번뿐인 인생이다. 내 삶은 내가 계획하고 또 만들어나가는 것이다. 목적이 있는 삶을 꿈꾸자. 그리고 아름답고 멋지게 꾸며보자.

07

나는 결혼해서 더 행복해졌다

행복이란 무엇일까? 만질 수도 없고 보이지도 않는다. 잠시 행복하다가 또 금방 사라져버리는 듯한 것이 행복이다. 그러면 행복을 확인하기는 위해서 어떻게 해봐야 할지 생각해보자. '우리는 어떤 경우에 행복을 느끼는가?'라는 질문을 염두에 두고 답을 찾아보자. 주로 내가 갖고 싶은 것을 가졌을 때 행복하다. 사소한 것이라도 원하던 것을 얻었을 때는 충분한 만족감을 줄 수 있다. 또 내가 하고 싶은 일을 할 때 행복하다. 좋아하는 일을 하게 되면 에너지가 충만하게 되어 순식간에 그 일을 해낼 수 있다. 시간도 거스르는 느낌까지 들게 된다. 그리고 소망하는 것이 이루어졌을 때 행복을 느낀다. 특히 노력 끝에 이루어진 소망은 엄청난 기쁨을 준다. 이렇게 순간순간의 기쁨과 만족, 풍요로운 느낌들이 이루어낸 결과가 행복이다. 그러나 그 순간이 지나면 사그라지는 것이 또한 행복이다.

어떤 커다란 결과물의 끝에 행복이 있다고 가정해보자. 그 결과로 가기까지의 과정은 어떻게 보내야 할까? 혹시라도 그 결과가 원하는 형태로 되지 않았거나, 원하는 결과에 도달하지 못했을 경우에 우리는 불행해야만 할까. 행복은 순간에 있다. 그러므로 지금 이 순간을 기뻐해야 한다. 오늘 하루를 풍요롭고 만족스런 하루가 되게 노력해야 한다. 그리고 이 모든 것들은 내가 마음먹기에 달려 있는 것이다.

나는 혼자 살기로 마음먹었었다. 만족스러운 순간들도 많았고 아름다운 경험들도 많이 했다. 그러나 그 과정에 힘들었던 기억들도 많이 있었다. 그 길에는 여러 기쁨보다 혼자만이 느끼는 슬픔이 더 많았다. 충만함보다는 외로움이 더 많았다. 만족스러움보다 여러 면에서 부족함을 더 많이 느꼈다. 결과적으로 그 길에는 행복한 순간보다는 외롭고 우울한 순간들이 더 많았던 것이다.

결혼을 해보기로 결정하고, 또 나만의 새로운 가족을 이루고 모든 것들이 좋아졌다. 슬프고 외롭고 만족스럽지 못한 순간들보다 기쁘고 충만

하고 새로운 경험을 맛볼 수 있는 순간들이 더 많았다. 물론 완벽한 행복이란 없다. 그러나 둘이서 그리고 셋이서 만들어가는 행복은 더 많은 순간을 기쁨으로 채워지게 했다. 내가 부족한 부분들을 나의 사랑하는 가족들이 채워준 것이다. 지금도 열심히 서투른 피아노를 치고 있는 딸의 모습이 귀엽고 나날이 좋아지는 피아노 선율은 나를 기쁘게 한다. 다이어트 하겠다고 계단으로 걸어온 남편은 13층에서 승강기를 타고 내려왔음에도 자신을 대견하게 생각한다. 그 모습이 나를 웃음 짓게 한다. '10살짜리 딸도 나도 23층까지 단숨에 올라오는데' 하며 말이다. 그리고 한마디 조언해준다. "절대로 걸어서 내려가면 안 돼요. 머리가 크니 넘어질 수 있어요." 그러나 진심으로 그러겠다고 대답하는 남편과 옆에서 맞장구치는 딸은 나의 기쁨이다. 나는 결혼을 못 할 줄 알았다. 나이도 많았고 성격도 상냥하지 못했다. 그러나 가정을 이루고 무사히 꾸려나가는 일은 혼자 하는 일이 아니다. 힘을 합해서 하는 일이다. 둘이 같이 있으면서 상대방이 혼자 하게 내버려 두는 사람은 없다. 제아무리 이기적인 인간이라 할지라도 도움을 주는 것이 인지상정이다. 하물며 두 사람이 서로 사랑해서 만났다. 도울 의지가 충분한 사람이 만나 이룬 가정은 잘 굴러갈 수밖에 없다. 둘이서 힘을 합쳐서 가기 때문이다.

나는 결혼해서 풍요롭고 만족스러운 생활을 하고 있다. 나를 사랑하고 완전히 내 편이 된 남편이 있다. 그리고 지금은 나밖에 모르는 귀여운 꼬맹이도 있다. 그리고 많은 꿈들도 실행했고 앞으로 새로운 꿈을 꾸고 나아갈 것이다.

결혼을 하고 안 하고 하는 것은 개인의 선택이다. 이제는 누군가 강요하거나 눈치보고 결혼을 선택하는 시대는 지났다. 그래서 비혼이란 말도 나온 것이다. 나도 혼자의 삶을 먼저 선택했었다. 그러나 너무나 다행히도 나는 마음을 바꿔 결혼을 선택하게 되었다. 나의 나이도 어느새 반평생이 지났고 늦은 나이에 일과 육아를 병행하며 가족을 챙기는 일이 버겁기도 하다. 그러나 체력적인 어려움이 있을지언정 정신적으로 너무나 안정되고 평화롭다. 그 어떤 물질적인 부귀가 나에게 이런 만족감을 줄까.

결혼하기 전에 내가 혼자 세계여행을 가겠다고 하자 어머니가 "결혼해서 남편하고 같이 가면 되지, 뭐 하러 혼자 가냐."고 하셨다. 그때만 해도 어느 남자가 결혼하고 아내와 긴 여행을 가려 할까 생각했었다. 그러나 그것은 나만의 생각이었다. 한 가지 생각에 집착해서는 안 된다. 왜 모든 것을 해보기도 전에 이루어지지 못할 것이라고 생각하는가. 왜 결혼하면 행복하지 못할 것이라고 생각하는가. 나도 결혼하기 전에는 대체적으로 부정적인 생각을 많이 갖고 살았다. 시작도 하기 전에 안 될 것을 미리 준비했다. 그리고 돌아갈 곳을 먼저 생각했다. 그러나 그럴 필요가 없었다. 행복은 지금 이 순간에 있지 미래에 있는 것도 과거에 있는 것도 아니다. 결혼을 해도 그곳에는 행복이 있다. 오히려 혼자보다 더 큰 행복이 있다. 행복해지려고 결혼을 선택해서는 안 된다는 이야기들도 있다. 그렇다. 결혼을 해도 힘들고 우울하고 지치게 하는 일들을 겪게 되어 있다. 그러나 그 과정 중에 기쁘고 설레고 사랑스럽고 즐겁고 신비하고 감동적이고 재미있는 일들이 더 많이 있다면 행복하게 사는 것이다. 행복이라는 말, 듣기만 해도 행복한 말, 뭔가 신비한 일이 숨겨져 있을 것만 같은 그 말 속에는 바로 이런 것들이 숨겨져 있는 것이다. 즉 나와 나를 사랑하는 사람들과 나를 둘러싼 모든 것들 속에서 기쁨, 축복, 사랑, 설렘. 신비, 감동 등이 있으니 그 모든 것들과 함께하라는 말인 것이다.

나는 결혼 전문가도 아니고 반드시 결혼을 해야 한다고 주장하고자 하는 것도 아니다. 단지, 미리 결혼을 해서 이를 경험해본 사람으로서 결혼은 충분히 해봄 직하다고 얘기해주고 싶었다. 결혼하기 전에는 결혼한 사람들이 답답해 보이기도 했다. 가끔 질투가 나기도 했지만 그다지 만족스럽지 못할 것이라고 생각하며 새장 속의 갇힌 새들로 보기도 했다.

그러나 막상 결혼을 선택하고 생활해보니 결혼은 누군가 말했듯 새장 속의 새의 삶이 아니었다. 혼자 잘난 체하며 살던, 그때의 내가 바로 갇힌 새였다. 결혼은 나에게 날개를 달아 주었고 멀리 날아갈 수 있게 해주었다. 그리고 언제고 다시 돌아갈 수 있는 보금자리가 되어주었다.

우리의 인생에서 새장이란 없다. 어떤 것을 선택해도 마찬가지다. 단지 내가 나 자신을 한계 짓고 멀리 날지 않는 것일 뿐이다. 누구나 자유롭게 멀리 날아오를 수 있다. 단지 '고독한 새가 되어 날 것인가, 아니면 '함께 날 것인가.'는 선택의 문제이다. 고독한 새가 되어 날아오르는 모습도 용감하고 멋지게 보인다. 또한 함께 나는 새들도 아름답다. 다만 함께 날아가는 새들이 더 멀리 오랫동안 갈 수 있지 않을까 생각해본다.

우리의 인생은 매 순간 선택을 요구한다. 어떤 순간의 선택은 우리의 인생을 크게 변화시키기도 한다. 오랜 기간 숙고해서 결정하고 선택해야 하는 문제들도 있다. 시간이 지나도 다시 결정할 수 있고 다시 시도할 수 있도록 그 결정을 기다려주는 문제들도 있다. 그러나 시간과 함께 지나가버리는 일들도 있다. 사랑하는 사람과 함께 누릴 수 있는 행복의 시간들은 우리를 기다려주지 않는다. 바로 지금 행복해야 한다. 오늘 나는 사랑하는 아내, 남편, 딸, 아들과 함께 행복하기로 결정하자. 나를 둘러싼 모든 것들 속에서 나는 행복을 찾을 수 있다고 다짐하자. 지금 나는 어떤 선택을 하든 행복과 함께할 것이라는 것을 명심하자. 결혼도 그런 선택 중에 하나이다. 행복은 언제나 우리와 함께 할 것이다. 그렇게 행복과 꿈의 날개를 달고 훨훨 날아오르자.

나는 결혼 전에 혼자 유럽 여행을 떠났었다. 어머니는 결혼해서 남편하고 가라고 하셨다. 그러나 나는 그런 남자 없다며 어머니의 말을 듣지 않고 혼자 여행을 떠났다.

지금의 남편을 만나 결혼을 결정하고, 어머니가 남편의 사무실을 보고 오더니 걱정을 하셨다. 엄청나게 깔끔한 성격인데 청소하기 싫어하는 네가 괜찮겠냐고 하셨다. 그런데 나는 어머니가 말한 그런 남자와 함께 긴 여행을 다시 했다. 그는 청소 잘 못하는 나에 비하면 청소의 달인이다.

우리 인생은 알 수 없는 일들의 연속이다. 그래서 두렵기도 하지만, 그래서 때로 우리 가슴을 두근거리게도 하는 것이다. 머뭇거리지 말자. 이제는 어디든 출발해야 한다. 당신을 태우고 떠날 비행선은 준비가 끝났다. 종착역은 누구나 똑같다. 그러나 인생에 살면서 들러야 할 곳, 보아야 할 것은 당신이 정한다. 물론 아무것도 보지 않고 종착역까지 직행할 수도 있을 것이다. 그러나 그러고 싶은가? 영화 중에서는 잔잔하고 조용하고 무료하기까지 한 영화도 있다. 그러나 여러 가지 모험과 시련과 고뇌를 담은 영화들도 있다. 어떤 영화든 해피엔딩이 어떻게 해서 이루어지는가? 모든 것들은 주인공의 의지에 달려 있다. 어떤 고난과 시련이 와도 이겨내겠다는 의지, 어떠한 순간에도 행복해지겠다는 의지에 달려 있는 것이다.

어떤 것을 선택하든 마음의 준비를 하고 시작하자. 선택했다면 우리의 비행선은 행복의 비행선이다. 직행하지 말고 아름답고 멋진 곳들을 보고 경험하자. 가지 않는다면 미련이 남을 것이다. 어딘가에서 나를 기다리기로 한 사람이 있는데 들르지 않았다면 마음이 아플 것이다. 우연히 들른 곳에 엄청난 행운이 기다리고 있을지 누가 알겠는가? 설사 다소 곤란한 일을 겪더라도 누군가에게 전해줄 수 있는 모험담 하나는 갖고 떠날 수 있다.

그 비행선에는 물론 비상탈출구도 있다. 더 큰 모험이 기다릴지 더 큰 어려움이 기다릴지는 알 수 없는 일이지만 그것도 필요하다면 훌륭한 선택일 수 있다. 다만 당신을 기다리고 있는 행복의 비행선은 언젠가는 떠나야 하는 비행선이다. 용기를 가지고 출발해보자.

우리는 인생에서 많은 기회들을 만나고 선택해야 한다. 어떤 선택을 하든 자신의 자유다. 그러나 그 선택의 몫은 자신의 것이다. 그 선택을 자신의 행운으로 만드는 것도 자신의 의지다.

혼자의 삶이든 결혼한 삶이든 함께해야 행복하다. 누군가와 함께하는 것을 포기하는 삶은 결국은 나르시스처럼 자신을 포기하는 것과 같다. 함께하면서 배려하고 인내하는 것이 인생이다. 함께하면서 웃고 즐길 줄 아는 것이 더 행복한 인생이다.